21世纪高等学校规划教材｜计算机科学与技术

计算机引论

张勇 周传生 张丽霞 编著

清华大学出版社

北京

内 容 简 介

本书是作者总结多年计算机专业基础教学和实践教学基础上编写的,力争做到知识体系的完整、内容精练、通俗易懂,能够使读者对本专业的各方面基础理论知识和核心内容有一个全面概要的认识。本书特点是基本概念和知识面宽广、图文并茂、结构合理。

本书主要介绍了计算机的基本概念及其产生、发展、分类、特点和应用领域;计算机中数据的表示与位运算,计算机系统的组成及其基本工作原理;计算机软件系统的构成,主要包括操作系统、程序设计和软件工程的基础知识;数据结构和算法的基础知识;计算机网络的基本概念和基础知识,包括计算机网络的分类、网络互连设备、Internet 及其应用;计算机技术的基础知识,主要有数据库系统、多媒体技术和信息安全基础知识。在教材的实验内容中采用了 Windows 7 操作系统和 Office 2010 办公自动化软件作为实践教学内容。

本书可作为高校计算机专业和非计算机理工科专业的计算机引论课程教材,在内容编排上融合了不同的需求,也可作为计算机基础教学和应用参考书。

图书在版编目(CIP)数据

计算机引论/张勇等编著.--北京:清华大学出版社,2012.9(2020.8重印)
21 世纪高等学校规划教材·计算机科学与技术
ISBN 978-7-302-29576-1

Ⅰ.①计…　Ⅱ.①张…　Ⅲ.①电子计算机-高等学校-教材　Ⅳ.①TP3

中国版本图书馆 CIP 数据核字(2012)第 179289 号

责任编辑:付弘宇　薛　阳
封面设计:傅瑞学
责任校对:时翠兰
责任印制:宋　林

出版发行:清华大学出版社
　　　网　　　址:http://www.tup.com.cn,http://www.wqbook.com
　　　地　　　址:北京清华大学学研大厦 A 座　　　　邮　　编:100084
　　　社 总 机:010-62770175　　　　　　　　　　　邮　　购:010-62786544
　　　投稿与读者服务:010-62776969,c-service@tup.tsinghua.edu.cn
　　　质量反馈:010-62772015,zhiliang@tup.tsinghua.edu.cn
　　　课件下载:http://www.tup.com.cn,010-83470236
印 装 者:北京九州迅驰传媒文化有限公司
经　　销:全国新华书店
开　　本:185mm×260mm　　　印　张:14.25　　　　字　　数:346 千字
版　　次:2012 年 9 月第 1 版　　　　　　　　　　　印　　次:2020 年 8 月第 9 次印刷
印　　数:5801~6300
定　　价:29.00 元

产品编号:037837-02

编审委员会成员

（按地区排序）

浙江大学	吴朝晖	教授
	李善平	教授
扬州大学	李　云	教授
南京大学	骆　斌	教授
	黄　强	副教授
南京航空航天大学	黄志球	教授
	秦小麟	教授
南京理工大学	张功萱	教授
南京邮电学院	朱秀昌	教授
苏州大学	王宜怀	教授
	陈建明	副教授
江苏大学	鲍可进	教授
中国矿业大学	张　艳	教授
武汉大学	何炎祥	教授
华中科技大学	刘乐善	教授
中南财经政法大学	刘腾红	教授
华中师范大学	叶俊民	教授
	郑世珏	教授
	陈　利	教授
江汉大学	颜　彬	教授
国防科技大学	赵克佳	教授
	邹北骥	教授
中南大学	刘卫国	教授
湖南大学	林亚平	教授
西安交通大学	沈钧毅	教授
	齐　勇	教授
长安大学	巨永锋	教授
哈尔滨工业大学	郭茂祖	教授
吉林大学	徐一平	教授
	毕　强	教授
山东大学	孟祥旭	教授
	郝兴伟	教授
厦门大学	冯少荣	教授
厦门大学嘉庚学院	张思民	教授
云南大学	刘惟一	教授
电子科技大学	刘乃琦	教授
	罗　蕾	教授
成都理工大学	蔡　淮	教授
	于　春	副教授
西南交通大学	曾华燊	教授

出 版 说 明

随着我国改革开放的进一步深化,高等教育也得到了快速发展,各地高校紧密结合地方经济建设发展需要,科学运用市场调节机制,加大了使用信息科学等现代科学技术提升、改造传统学科专业的投入力度,通过教育改革合理调整和配置了教育资源,优化了传统学科专业,积极为地方经济建设输送人才,为我国经济社会的快速、健康和可持续发展以及高等教育自身的改革发展做出了巨大贡献。但是,高等教育质量还需要进一步提高以适应经济社会发展的需要,不少高校的专业设置和结构不尽合理,教师队伍整体素质亟待提高,人才培养模式、教学内容和方法需要进一步转变,学生的实践能力和创新精神亟待加强。

教育部一直十分重视高等教育质量工作。2007 年 1 月,教育部下发了《关于实施高等学校本科教学质量与教学改革工程的意见》,计划实施"高等学校本科教学质量与教学改革工程"(简称"质量工程"),通过专业结构调整、课程教材建设、实践教学改革、教学团队建设等多项内容,进一步深化高等学校教学改革,提高人才培养的能力和水平,更好地满足经济社会发展对高素质人才的需要。在贯彻和落实教育部"质量工程"的过程中,各地高校发挥师资力量强、办学经验丰富、教学资源充裕等优势,对其特色专业及特色课程(群)加以规划、整理和总结,更新教学内容、改革课程体系,建设了一大批内容新、体系新、方法新、手段新的特色课程。在此基础上,经教育部相关教学指导委员会专家的指导和建议,清华大学出版社在多个领域精选各高校的特色课程,分别规划出版系列教材,以配合"质量工程"的实施,满足各高校教学质量和教学改革的需要。

为了深入贯彻落实教育部《关于加强高等学校本科教学工作,提高教学质量的若干意见》精神,紧密配合教育部已经启动的"高等学校教学质量与教学改革工程精品课程建设工作",在有关专家、教授的倡议和有关部门的大力支持下,我们组织并成立了"清华大学出版社教材编审委员会"(以下简称"编委会"),旨在配合教育部制定精品课程教材的出版规划,讨论并实施精品课程教材的编写与出版工作。"编委会"成员皆来自全国各类高等学校教学与科研第一线的骨干教师,其中许多教师为各校相关院、系主管教学的院长或系主任。

按照教育部的要求,"编委会"一致认为,精品课程的建设工作从开始就要坚持高标准、严要求,处于一个比较高的起点上。精品课程教材应该能够反映各高校教学改革与课程建设的需要,要有特色风格、有创新性(新体系、新内容、新手段、新思路,教材的内容体系有较高的科学创新、技术创新和理念创新的含量)、先进性(对原有的学科体系有实质性的改革和发展,顺应并符合 21 世纪教学发展的规律,代表并引领课程发展的趋势和方向)、示范性(教材所体现的课程体系具有较广泛的辐射性和示范性)和一定的前瞻性。教材由个人申报或各校推荐(通过所在高校的"编委会"成员推荐),经"编委会"认真评审,最后由清华大学出版社审定出版。

目前，针对计算机类和电子信息类相关专业成立了两个"编委会"，即"清华大学出版社计算机教材编审委员会"和"清华大学出版社电子信息教材编审委员会"。推出的特色精品教材包括：

（1）21世纪高等学校规划教材·计算机应用——高等学校各类专业，特别是非计算机专业的计算机应用类教材。

（2）21世纪高等学校规划教材·计算机科学与技术——高等学校计算机相关专业的教材。

（3）21世纪高等学校规划教材·电子信息——高等学校电子信息相关专业的教材。

（4）21世纪高等学校规划教材·软件工程——高等学校软件工程相关专业的教材。

（5）21世纪高等学校规划教材·信息管理与信息系统。

（6）21世纪高等学校规划教材·财经管理与应用。

（7）21世纪高等学校规划教材·电子商务。

（8）21世纪高等学校规划教材·物联网。

清华大学出版社经过三十多年的努力，在教材尤其是计算机和电子信息类专业教材出版方面树立了权威品牌，为我国的高等教育事业做出了重要贡献。清华版教材形成了技术准确、内容严谨的独特风格，这种风格将延续并反映在特色精品教材的建设中。

清华大学出版社教材编审委员会

联系人：魏江江

E-mail：weijj@tup.tsinghua.edu.cn

前　言

　　"计算机引论"是大多数高等院校计算机科学与技术及相关专业开设的专业基础课程，随着计算机科学与技术的发展和专业的教学改革，其教学内容也在不断完善和发展。本书是作者总结多年计算机专业基础教学和实践教学基础上编写的，力争做到知识体系的完整、内容精练、通俗易懂，能够使读者对本专业的各方面基础理论知识和核心内容有一个全面概要的认识，努力为学生对本专业后续课程的学习打下基础并提高动手实践能力和培养学生创新精神。

　　本书特点是基本概念和知识面宽广、图文并茂、结构合理，在教材的实验内容中采用了Windows 7 操作系统和 Office 2010 办公自动化软件作为实践教学内容，每章配有内容总结以帮助学生巩固重点知识，课后习题有助于学生灵活运用所学知识，培养和提高学生独立思考和解决问题的能力。

　　全书分为 7 章，主要内容如下：

　　第 1 章介绍了计算机的基本概念及其产生、发展、分类、特点和应用领域；

　　第 2 章介绍计算机中数据的表示与位运算，计算机系统的组成及其基本工作原理；

　　第 3 章介绍计算机软件系统的构成，主要包括操作系统、程序设计和软件工程的基础知识；

　　第 4 章介绍数据结构和算法的基础知识；

　　第 5 章介绍计算机网络的基本概念和基础知识，包括计算机网络的分类、网络互连设备、Internet 及其应用；

　　第 6 章介绍计算机技术的基础知识，主要有数据库系统、多媒体技术和信息安全基础知识。

　　第 7 章介绍计算机应用基础实验内容，包括 Windows 7 操作系统的使用，Office 2010（Word 2010、Excel 2010、PowerPoint 2010）办公软件的使用及其他常用软件的使用基础。

　　本书配有电子教案，可以根据实际情况选用各章节，建议教学计划执行情况：

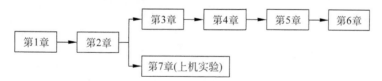

　　参加本书编写的老师还有赵娇洁、王晓丹、赵晶、罗振、赵峰、闫禹、于涧、穆宝良、闫肃。感谢马佳琳教授给予的支持和建议，全书由张勇统稿，周传生教授主审。

　　本书参考了许多同行专家的专著和外文教材，并在编写的过程中得到了清华大学出版社有关领导和编辑的大力支持和帮助，在此表示真诚感谢。由于编者水平有限，加之计算机科学与技术学科发展迅速，书中难免出现不妥和错误之处，恳请广大读者批评指正并提出宝贵意见。

作　者

2012 年 3 月

目 录

第1章

计算机概述

本章学习目标

- 掌握计算机的基本概念；
- 了解计算机的产生与发展过程；
- 掌握计算机的分类；
- 了解计算机的特点和应用领域。

1.1 计算机的概念

计算机是人类 20 世纪最伟大的科技发明之一，其技术的发展日新月异。计算机科学与技术作为新兴学科之一，已在世界范围内发展成为极富生命力的战略产业。它推动了社会生产和人类文明向前迈进的历史进程，使得人类逐渐进入信息社会时代。计算机是当前参与信息交流使用最为广泛的现代化工具，学习和掌握计算机的基础知识和操作技能已成为现代人们知识结构的重要组成部分。

早期的计算机主要是为解决当时复杂的计算问题而设计制造的，而今天计算机所处理的对象已远远超过了"计算"这个范畴，它是一个通用的机器，可以用来处理各种数据和信息。国际标准化组织（International Organization for Standardization，ISO）这样定义数据："数据是对事实、概念或指令的一种特殊表达形式，这种特殊表达形式可以用人工的方式或者用自动化的装置进行通信、翻译转换或者进行加工处理。"根据该定义，人类活动中使用的数字、文字、图形、声音、图像（静态图像和活动图像）等，都可视为数据。而信息是数据的内涵，是有用的、经过加工的数据。信息的价值在于，它是经过加工处理并对人类社会实践和生产活动产生决策影响的有用数据。信息的表现形式是数据，根据不同的目的，可以从原始数据中得到不同的信息。

根据通用性原则，计算机是一种能够按照事先存储的程序，自动、高速地进行大量数值计算和各种信息处理的现代化智能电子设备。一个完整的计算机系统由硬件和软件两部分组成，二者缺一不可。程序是用来告诉计算机对数据进行处理的指令集合。指令则是对计算机各个部件进行操作的命令。计算机不同于其他任何机器，它能存储程序，并按程序的执行自动存取和处理数据，输出人们所期望的信息。对于相同的数据输入，如果改变程序，则产生不同的输出；对于同样的程序，如果改变输入数据，则会产生不同的结果；最后，如果程序和输入数据保持不变，则输出结果也将不变。

1.2 计算机的产生与发展

在这一节里,简要回顾一下计算机的产生背景和发展过程。

1.2.1 计算机的产生

计算机的产生主要分为三个阶段。

1. 计算工具和机械计算机器

由于人类对各种计算的需求,在特定历史条件下,人们发明了越来越先进的计算工具和计算机器。我国周朝就发明了算筹,唐代发明了珠算盘并在宋元时期开始流行,后传入日本、东南亚和欧洲,对世界数学的发展产生了重要影响。

1642 年,法国著名的数学家和哲学家帕斯卡(Blasé Pascal)利用齿轮发明了一个用来进行加减运算的计算机器,如图 1.1 所示。1670 年,德国数学家莱布尼茨(Gottfried Leibnitz)制造出能够进行加减乘除运算的更加复杂的机器。19 世纪 20 年代,英国数学家巴贝奇(Charles Babbage)开始设计机械式差分机和分析机,如图 1.2 所示,他依据的原理与现代数字计算器的原理相似,希望用机械的方式实现计算过程,但由于当时的技术限制,直到 2008 年这种设计思想才得以实现。

图 1.1 法国数学家 Blasé Pascal 和用钟表元件构成的计算机器

图 1.2 英国数学家 Charles Babbage 和能够处理数学公式的分析机

2. 机电式计算机

机电式计算机使用电力做动力,但进行计算的结构还是机械的。1888 年美国霍勒瑞斯

(Herman Hollerith)研制了第一台机电式计算机，在 1890 年用于美国人口普查卡片分类统计，使得本来需要 10 年时间才能得到的人口调查结果，在短短 6 个星期内就统计结束。

自 20 世纪 30 年代开始，德国科学家朱斯开始研制著名的 Z 系列计算机。1938 年，朱斯制成了第一台二进制计数的 Z-1 型计算机。在 1941 年，朱斯的 Z-3 型计算机开始运行，这台计算机是世界上第一台采用电磁继电器进行程序控制的通用自动计算机。在同一时期，美国海军和 IBM 公司在哈佛大学发起创建了一项工程，在艾肯(Howard Aiken)的直接领导下建造了一台能够自动进行序列控制演算的计算机(Mark I)，由此奠定了 IBM 公司在计算机产业中的地位。

3. 现代计算机

现代计算机的产生不是一蹴而就的。在 19 世纪 40 年代，有两位科学家对现代计算机的产生做出了奠基性的贡献。一位是英国著名的数学家和逻辑学家阿兰·图灵(Alan Turing)(图 1.3)，另一位是美籍匈牙利数学家约翰·冯·诺依曼(John Von Neumann)(图 1.4)。

1936 年，图灵向伦敦权威的数学杂志投了一篇论文，题为《论可计算数及其在判定问题中的应用》。在这篇开创性的论文中，图灵给"可计算性"下了一个严格的数学定义，并提出著名的有限状态自动机也就是图灵机的概念。它不是一种具体的机器，而是一种思想模型，利用这一模型可制造一种结构简单但运算能力极强的计算装置，用来计算所有能想象得到的可计算函数。对于人工智能，它提出了重要的衡量标准"图灵测试"，如果有机器能够通过图灵测试，那它就是一个完全意义上的智能机，其智能和人相当。图灵机被公认为现代计算机的原型，这台机器可以读入一系列的 0 和 1，这些数字代表了解决某一问题所需要的步骤，按这个步骤走下去，就可以解决某一特定的问题。为了纪念他在计算机领域奠基性的贡献，美国计算机协会(Association of Computing Machinery，ACM)于 1966 年设立了图灵奖(A. M. Turing Award)，专门奖励那些对计算机事业发展做出重要贡献的个人。图灵奖是计算机界最负盛名的奖项，有"计算机界诺贝尔奖"之称。

图 1.3 阿兰·图灵(Alan Turing)

图 1.4 约翰·冯·诺依曼(John Von Neumann)

现在一般认为埃尼阿克(Electronic Numerical Integrator And Computer，ENIAC)机是世界上第一台电子计算机，ENIAC 是电子数字积分计算机的简称。它在美国宾夕法尼亚大学的莫尔电机学院诞生，承担开发任务的"莫尔小组"由 4 位科学家和工程师——埃克特、莫克利、戈尔斯坦、博克斯组成，总工程师埃克特在当时年仅 24 岁。而阿塔纳索夫-贝瑞计算机(Atanasoff-Berry Computer，ABC)是法定的世界上第一台电子计算机，为艾奥瓦州立大学的约翰·文森特·阿塔纳索夫(John Vincent Atanasoff)和他的研究生克利福特·贝瑞

(Clifford Berry)在 1937 年至 1941 年间开发。这台计算机系统中装有 300 个电子真空管执行数字计算与逻辑运算,使用电容器来进行数值存储,数据输入采用打孔卡片方式读入,还采用了二进位制(用 0 和 1 表示数据)。因此,ABC 的设计中已经包含了现代计算机中 4 个最重要的基本概念,从这个角度来说它是一台真正现代意义上的电子计算机。从 ABC 开始,人类的计算从模拟向数字挺进。而 ENIAC(图 1.5)标志着计算机正式进入数字的时代。

图 1.5　埃尼阿克(ENIAC)机

冯·诺依曼是美籍匈牙利数学家,他在数学等诸多领域都进行了开创性工作,并做出了重大贡献。冯·诺依曼在一次极为偶然的机会中知道了 ENIAC 计算机的研制计划,从此他投身到计算机研制这一宏伟的事业中。由于 ENIAC 机本身存在两大缺点:一是没有存储器;二是它用布线接板进行控制,为了执行某项任务,甚至要搭接几天,计算速度也就被这一工作所抵消。针对以上问题,整个研制小组在共同讨论的基础上,发表了一个全新的"存储程序通用电子计算机方案",基于该方案在 1952 年建造了 EDVAC(Electronic Discrete Variable Automatic Computer)。其设计思想之一是电子计算机采用二进制计数,报告提到了二进制的优点,并预言,二进制的采用将大大简化机器的逻辑线路。其二是冯·诺依曼提出了程序内存的思想,即把程序存在机器的存储器中,依据其中的指令,机器就会自行计算。这样,就不必为每个问题都重新编写程序,从而大大加快了运算进程。这一卓越的思想标志着自动运算的实现和电子计算机的成熟,为电子计算机的逻辑结构设计奠定了基础,已成为电子计算机设计的基本原则。

总结一下,现代计算机的基本工作原理即冯·诺依曼提出的存储程序和程序控制原理,按照该原理构造的计算机又称冯·诺依曼计算机,其体系结构称为冯·诺依曼结构。该原理的思想是:

(1) 由二进制替代十进制。

(2) 采用存储程序的设计思想。

(3) 把计算机从逻辑上划分为五大部分,即运算器、逻辑控制装置(控制器)、存储器、输入设备和输出设备。

1.2.2　计算机的发展

自 20 世纪 50 年代开始,越来越多的高性能计算机被研制出来。时至今日,计算机的发展经历了近六十年的辉煌发展历程,已从第一代发展到了第四代,目前正在向第五代、第六代智能化计算机发展。

计算机的发展与电子技术的发展密切相关,尤其是微电子技术及半导体制造工艺的突破性进展,使得计算机小型化变得可行。因此,在划分计算机发展年代时,是以计算机所使用的电子器件为依据的。此外,在计算机发展的各个阶段,所配置的软件和使用方式也各有不同。

1. 第一代计算机

第一代计算机的主要特征是使用真空的电子管作为电子器件,利用磁鼓来存储数据。电子管是一种在气密性封闭容器中产生电流传导,利用电场对真空中的电子流的作用以获得信号放大或振荡的电子器件,体积和功耗都很大。

这个时期没有计算机软件,用于操作的指令是为特定任务而编制的,每种机器有各自不同的机器语言,即计算机能够直接识别的指令代码,使用机器语言和符号语言编写的程序不能通用。对于整个机器而言,体积庞大、价格贵、运算速度低、存储容量小。第一代计算机主要用于当时的军事和科学计算。

2. 第二代计算机

第二代计算机的主要特征是使用了晶体管作为电子器件。它是一种固体半导体器件,基于输入的电压,控制流出的电流,利用电信号来控制,而且开关速度非常快。1948 年发明晶体管并于 1956 年用于计算机中,用磁芯存储器代替磁鼓来存储数据。

在软件方面,提出了操作系统的概念,出现了高级的 FORTRAN、COBOL 和 BASIC 等计算机语言,使计算机编程变得容易。新的职业(如程序员、分析员和计算机系统专家)和整个软件产业由此诞生。

第二代计算机体积变小、速度更快、功耗低、性能更加稳定。1960 年,出现了一些成功地应用在商业领域、大学和政府部门的计算机,此外,第二代计算机还用于数据处理和工业控制等领域。

3. 第三代计算机

第三代计算机的主要特征是使用了中小规模集成电路作为电子器件,由半导体存储器代替了磁芯存储器。1958 年,美国德州仪器(Texas Instruments,TI)的工程师 Jack Kilby 发明了集成电路(Integrated Circuit,IC),将三种电子元件集成到一片小的硅片上。集成电路的使用使得计算机变得更小,功耗更低,速度更快。

在软件上,开始使用操作系统,使得计算机在核心程序的控制协调下可以同时运行多个不同的用户程序。这个时期的计算机不仅用于科学计算,还用于文字处理、企业管理、自动控制等领域。

4. 第四代计算机

第四代计算机的主要特征是使用大规模集成电路(Large Scale Integration,LSI)和超大规模集成电路(Very Large Scale Integration,VLSI)作为电子器件。20 世纪 60 年代初,集成电路产品在一个硅片上的元件数有 100 个左右;1967 年已达到 1000 个晶体管,这标志着大规模集成电路的开端;到 1976 年,集成电路的制造工艺发展到在一个硅片上可集成 1 万多个晶体管;1980 年以后,在一块硅片上有几万个晶体管的大规模集成电路已经很普遍,开始向超大规模集成电路发展。如今,在不到 50mm^2 的硅芯片上集成的晶体管数可达到 200 万个以上。集成电路的发展使得计算机的体积和价格不断下降,而功能和可靠性不断增强。

由于超大规模集成电路的发展,半导体制造商开始将运算器和控制器等集成在一起,形成微处理器,即中央处理器(Central Processing Unit,CPU)。1971 年,早期的英特尔(Intel)公司推出了世界上第一台 4 位微处理器 4004,它一次能够处理 4 位二进制数据,包含 2300 个晶体管,性能较差,但其水平已相当于第一台计算机 ENIAC。后又推出典型的 16 位微处理器 8086。发展到今天,Intel 公司推出了功能强大的 32 位和 64 位奔腾等系列微处理器。随着 CPU 的发展,1981 年,IBM 公司推出了用于家庭、办公室和学校的个人计算机(Personal Computer,PC)或称微型计算机,从此开创了微型计算机的新时代。与 IBM 竞争的苹果公司于 1984 年推出 Macintosh 系列机,Macintosh 提供了友好的图形界面,用户可以使用鼠标方便地操作计算机。而微软公司在 1985 年推出第一个图形界面的操作系统 Windows 1.0。

对前四代计算机在使用的电子器件等方面进行比较分析总结如表 1.1 所示。

表 1.1　计算机各发展年代比较

年代	第一代 1946—1958	第二代 1959—1964	第三代 1965—1970	第四代 1971—现在
电子器件	电子管	晶体管	集成电路	大规模和超大规模集成电路
存储器	水银延迟线、 磁鼓、磁芯	磁芯、磁鼓、 磁盘、磁带	半导体存储器、 磁盘、磁带	半导体存储器、 磁盘、光盘
运算速度/bps	5000～几万	几十万～百万	百万～几百万	几百万～几亿
软件方面	机器语言	汇编语言 算法语言	操作系统 实时处理	分时处理 网络操作系统
应用领域	科学计算	数据处理	实时控制	各行各业
典型机器	ENIAC EDVAC	IBM 7090 CDC 6600	IBM 360 PDP-II	VAX-II IBM PC/APPLE

5. 第五代计算机（始于 1985 年）

目前使用的计算机都属于第四代计算机,第五代计算机尚在研制之中。对于当前的电子计算机,主要存在的不足有:

(1) 目前的电子计算机虽然已能够按照事先存储的程序自动完成用户交给的任务,但是它不能进行联想、推论、学习等人类头脑的最普通的思维活动。

(2) 目前的电子计算机虽然已能在一定程度上配合、辅助人类的脑力劳动,但是它还不能真正听懂人的语言,还需要用计算机懂得的语言与它进行交互。因此,限制了电子计算机的应用、普及和大众化。

(3) 目前的电子计算机虽然能以惊人的信息处理速度来完成人类无法完成的工作,但是它仍不能满足某些科技领域高速、大量的计算任务的要求。如资源探测卫星发回的图像数据的实时解析、天气预报、地震预测等要求极高的计算速度和精度,这都远远超出了目前电子计算机的性能水平。由此可见,当今的电子计算机已不能适应信息社会发展的需要,必须在新的理论和技术基础上研制新一代计算机。

第五代计算机是把信息采集、存储、处理、通信同人工智能结合在一起的智能计算机系统。它在使用的基本元器件上进行了突破和创新,如采用生物工程技术产生的蛋白质分子制成生物芯片构成的生物计算机,其运算过程是蛋白质分子与周围物理化学介质的相互作用过程；采用一种链状分子聚合物的特性来表示开与关的状态构成的量子计算机，利用激光脉冲来改变分子的状态，使信息沿着聚合物移动，从而进行运算；采用光学技术，由光器件构成的光子计算机；采用超导元器件和电路组成的超导计算机等。

上述第五代计算机的系统结构将突破传统的冯·诺依曼机器模型，实现高度的并行处理。第五代计算机的主要特点是面向知识处理，具有形式化推理、联想、学习和解释的能力，能够帮助人们进行判断、决策、开拓未知领域和获得新的知识；人与机器之间可以直接通过自然语言(声音、文字)或图形图像交换信息。因此，第五代计算机又称新一代计算机，它是为适应未来社会信息化的要求而提出的，与前四代计算机有着本质的区别，是计算机发展史上一次重要变革。

第五代计算机的基本结构通常由三个基本子系统组成：问题求解与推理、知识库管理和智能化人机接口。

1) 问题求解与推理子系统

它相当于传统计算机中的中央处理器，与该子系统进行交互的程序设计语言称为核心语言，国际上都以逻辑型语言或函数型语言为基础进行这方面的研究，它是构成第五代计算机系统结构和各种超级软件的基础。

2) 知识库管理子系统

它相当于传统计算机主存储器、虚拟存储器和文件系统相结合。与该子系统打交道的程序语言称为高级查询语言，用于知识的表达、存储、获取和更新等。这个子系统的通用知识库软件是第五代计算机系统基本软件的核心。通用知识库包括：词法、语法、语言字典和基本字库常识的一般知识库；用于描述系统本身技术规范的系统知识库。

3) 智能化人机接口子系统

它是使人类能够通过声音、文字、图形和图像等与计算机对话，用人类习惯的各种可能方式交流信息。这里，自然语言是最高级的用户语言，它为非专业人员操作计算机并从中获取所需的知识信息提供可能。

当前，第五代计算机的研究领域包括人工智能、系统结构、软件工程和支援设备及其对社会的影响等。

1.3 计算机的分类与特点

1.3.1 计算机的分类

在计算机发展的各个历史时期，对计算机的分类是不同的。目前，由于计算机的机型和种类繁多，并表现出各自不同的特点，因此可以从不同的角度对计算机进行分类。

1. 按照对数据的表示和处理方式分类

按照这种分类方式，计算机可以分为电子数字计算机、电子模拟计算机及模拟和数字混合计算机。电子数字计算机直接对离散量按位进行计算，精度高、通用性强；模拟计算机中的数值由连续量来表示，运算过程也是连续的，按照预先确定的精度进行运算；混合机集中了前二者的优点，避免其缺点，目前仍处于发展阶段。

2. 按照用途分类

按照用途分类可以将计算机分为通用计算机和专用计算机(嵌入式计算机系统)。通用计算机可解决科学计算、数据处理、过程控制等各类问题,市场上销售的计算机多属于通用机,如台式机和笔记本电脑;专用计算机是为解决某一特定问题而专门设计的,适应性差、可靠性高,一般拥有固定的存储程序,进行控制、监视或者辅助装置,与机械装置等附属在一起,如用于过程控制领域的计算机和用于弹道导弹控制的计算机等。

3. 按其运算速度快慢、存储容量及软硬件配套规模大小进行分类

通用计算机按其规模、速度和软硬件配置等又可分为巨型机、大型机、中型机、小型机、微型机及单片机。这些类型计算机之间的基本区别通常在于其体积大小、结构复杂程度、功耗、性能指标、数据存储容量、指令系统和设备、软件配置等的不同。

1) 巨型机(Super Computer)

巨型机又称超级计算机,是指运算速度超过每秒 1 亿次的高性能计算机,它是目前功能最强、速度最快、软硬件配套齐全、价格最贵的计算机。主要用于解决气象、太空、能源、医药等尖端科学研究和战略武器研制中的复杂计算。

运算速度快是巨型机最突出的特点。如美国 Cray 公司研制的系列机中,Cray-Y-MP 运算速度为每秒 20~40 亿次,我国自主生产研制的银河Ⅲ巨型机为每秒 100 亿次,IBM 公司的 GF-11 可达每秒 115 亿次,日本富士通研制了每秒可进行 3000 亿次科技运算的计算机。2008 年我国研制成功的曙光 5000A 运算速度可达每秒 230 万亿次,它一天完成的工作量,相当于全国所有人利用手持计算器不停进行计算 52 年的工作量。世界上只有少数几个国家能生产这种机器,它的研制开发是一个国家综合国力和国防实力的体现。图 1.6 是我国自主研制的巨型计算机。

2) 大中型计算机(Large-scale Computer and Medium-scale Computer)

它有很高的运算速度和很大的存储容量并允许相当多的用户同时使用,但在量级上都不及巨型计算机,结构上也较巨型机简单,价格也比巨型机便宜,因此使用的范围较巨型机普遍,主要应用于事务处理、商业处理、信息管理、大型数据库和数据通信等领域。

大中型机通常形成系列机的形式,如 IBM370 系列、DEC 公司生产的 VAX8000 系列、日本富士通公司的 M-780 系列。大中型计算机如图 1.7 所示。同一系列的不同型号的计算机可以执行同一个软件,称为软件兼容。

图 1.6　我国自主研制的巨型计算机　　　　　　图 1.7　大中型计算机

3) 小型机(Minicomputer)

其规模和运算速度比大中型机要差,但仍能支持十几个用户同时使用。小型机具有体积小、价格低、性能价格比高等优点,适合中小企业、事业单位用于工业控制、数据采集、分析计算、企业管理以及科学计算等，也可做巨型机或大中型机的辅助机。典型的小型机是美国DEC 公司的 PDP 系列计算机、IBM 公司的 AS/400 系列计算机、我国的 DJS-130 计算机等。

4) 微型计算机（Microcomputer）

微型计算机简称微机，是当今使用最普及、产量最大的一类计算机。微型计算机体积小、功耗低、成本少、灵活性大、性能价格比明显优于其他类型计算机，因而得到了广泛应用。微型计算机可以按结构和性能划分为单片机、单板机、个人计算机等几种类型。

（1）单片机（Single Chip Computer）

把微处理器、一定容量的存储器以及输入输出接口电路等集成在一个芯片上，就构成了单片机。如图 1.8(a)所示。可见单片机仅是一片特殊的、具有计算机功能的集成电路芯片。单片机体积小、功耗低、使用方便，但存储容量较小，一般用做专用机或用来控制高级仪表、家用电器等。

（2）单板机（Single Board Computer）

把微处理器、存储器、输入输出接口电路安装在一块印刷电路板上，就成为单板计算机。如图 1.8(b)所示。一般在这块板上还有简易键盘、液晶和数码管显示器以及外存储器接口等。单板机价格低廉且易于扩展，广泛用于工业控制、微型机教学和实验等领域。

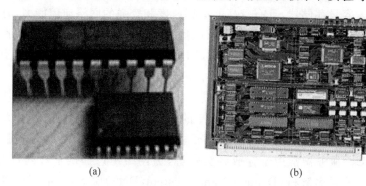

(a)　　　　　　　　　　　(b)

图 1.8　单片机和单板机

（3）个人计算机（Personal Computer，PC）

供单个用户使用的微型机一般称为个人计算机或 PC，它是目前用得最多的一种微型计算机。PC 配置有一个紧凑的机箱、显示器、键盘、打印机以及各种接口，可分为台式微机和便携式微机。如图 1.9(a)是台式微机，图 1.9(b)是便携式微机。

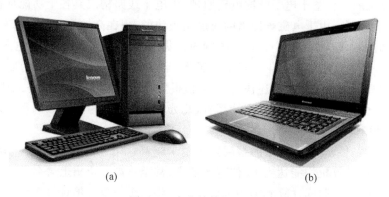

(a)　　　　　　　　　　　(b)

图 1.9　个人计算机（PC）

台式微机可以将全部设备放置在书桌上,因此又称为桌面型计算机。当前流行的机型有 IBM-PC 系列,Apple 公司的 Macintosh,我国生产的清华同方、神州、联想系列计算机等。便携式微机包括笔记本电脑、袖珍计算机及个人数字助理(Personal Digital Assistant,PDA)。便携式微机将主机和主要外部设备集成为一个整体,显示屏为液晶(LCD)显示,可以直接用电池供电。

目前,市场上已出现电脑一体机,它是由一台显示器、一个电脑键盘和一个鼠标组成的电脑。它将芯片、主板与显示器集成在一起构成一台电脑,看上去就是一台显示器。因此只要将键盘和鼠标连接到显示器上,就能使用这台机器。随着无线通信技术的发展,现在一些中高档电脑一体机的键盘、鼠标与显示器可实现无线链接,机器只有一根电源线。此外,集成有电视功能的一体机可以代替电视使用。

4. 按计算机工作方式进行分类

随着计算机网络的普及和发展,按照计算机在网络中承担的任务或工作方式进行分类可以将计算机分为工作站和服务器。

1) 工作站

工作站(Workstation)是介于个人计算机和小型机之间的高档微型计算机,通常配备有大屏幕显示器和大容量存储器,具有较高的运算速度和较强的网络通信能力,有大型机和小型机的多任务和多用户功能,同时兼有微型计算机操作便利和人机界面友好的特点。工作站的独到之处是具有很强的图形交互能力,因此在工程设计领域得到广泛使用。SUN、HP、SGI 等公司都是著名的工作站生产厂家。

2) 服务器

服务器(Server)是一种可供网络用户共享的高性能计算机。它一般具有大容量的存储设备和丰富的外部接口,运行网络操作系统,要求较高的运行速度,为此很多服务器都配置双 CPU 或多 CPU。服务器常用于存放各类资源,为网络用户提供丰富的资源共享服务。常见的资源服务器有域名解析(Domain Name System,DNS)服务器、电子邮件(E-mail)服务器、网页(Web)服务器等。

1.3.2 计算机的特点

计算机主要具有以下特点。

1) 运算速度快

电子计算机的工作基于电子脉冲电路原理,由电子线路构成其各个功能部件,其中电场的传播扮演主要角色,由于电磁场传播的速度是很快的,现在高性能计算机每秒能进行几百亿次以上的加法运算。如果一个人在一秒钟内能做一次运算,那么一般的电子计算机一小时的工作量,一个人得做 100 多年。很多情况下,运算速度起决定作用。例如,计算机控制导航,要求"运算速度比飞机飞的还快";气象预报要分析大量信息,如用手工计算需要半个月左右时间,失去了预报的意义,而用计算机,几分钟就能算出一个地区内数天的气象预报。

2) 计算精度高

随着科技的发展,对计算结果的精度要求越来越高。电子计算机的计算精度在理论上不受限制,一般的计算机均能达到 15 位有效数字,甚至更高。历史上著名数学家挈依列,计算圆周率 π 花了 15 年时间才算到第 707 位。现在将这个任务交给计算机做,几十分钟内就可计算到 10 万位。

3）存储容量大

计算机中有许多存储单元用于记忆信息，每个存储单元都有相应的地址来标识。计算机的存储能力是与其他计算工具的一个重要区别。由于计算机具有内部存储数据的能力，在运算过程中可以不必每次都从外部输入数据，而只需事先将数据输入到内部的存储单元中，运算时即可直接从存储单元中取得数据，从而大大提高了运算速度。

4）复杂的逻辑判断

人是有思维能力的。思维能力本质上是一种逻辑判断能力，也可以说是因果关系分析能力。借助于逻辑运算，可以让计算机做出逻辑判断，分析命题是否成立，并可根据命题成立与否做出相应的对策。例如，数学中有个"四色问题"，不论多么复杂的地图，使相邻区域颜色不同，最多需要四种颜色。100 多年来不少数学家一直想去证明它或者推翻它，却一直没有结果，成了数学领域著名的难题。1976 年两位美国数学家终于使用计算机进行了非常复杂的逻辑推理验证了这个著名的猜想。

5）按程序自动运行

一般的机器是由人控制的，人给机器一个指令，机器就完成一个操作。计算机的操作也是受人控制的，但由于计算机具有内部存储器，可以将指令事先输入到计算机存储起来，在计算机开始工作以后，从存储单元中依次去取指令，用来控制计算机的操作，从而使人们可以不必干预计算机的工作，实现操作的自动化。

1.4 计算机的应用领域

计算机的应用领域已经渗透到社会的各行各业，正在改变着传统的工作、学习和生活方式，推动着社会的发展。计算机的主要应用领域如下：

1. 科学计算

科学计算（或数值计算）是指利用计算机来完成科学研究和工程技术中提出的数学问题的计算。在现代科学技术工作中，科学计算问题是大量的和复杂的。利用计算机的高速计算、大存储容量和连续运算能力，可以实现人工无法解决的各种科学计算问题。

例如，建筑设计中为了确定构件尺寸，通过弹性力学导出一系列复杂方程，长期以来由于计算方法跟不上而一直无法求解。而计算机不但能求解这类方程，并且还引起了弹性理论上的一次突破，出现了有限单元法。

2. 数据处理

数据处理（或信息处理）是指对各种数据进行收集、存储、整理、分类、统计、加工、利用、传播等一系列活动的统称。据统计，80%以上的计算机主要用于数据处理，由此决定了计算机应用的主导方向。

从简单到复杂的数据处理已经经历了三个发展阶段，它们是：

（1）电子数据处理（Electronic Data Processing，EDP），它是以文件系统为手段，实现一个部门内的单项管理。

（2）管理信息系统（Management Information System，MIS），它是以数据库技术为工具，实现一个部门的全面管理，以提高工作效率。

（3）决策支持系统（Decision Support System，DSS），它是以数据库、模型库和方法库为基础，帮助管理决策者提高决策水平，改善运营策略的正确性与有效性。

目前，数据处理已广泛地应用于办公自动化、企事业计算机辅助管理与决策、情报检索、图书管理、电影电视动画设计、会计电算化等各行各业。信息正在形成独立的产业，多媒体技术使信息展现在人们面前的不仅是数字和文字，也有声音、图像和视频等。

3. 计算机辅助技术

计算机辅助技术（或计算机辅助设计与制造）包括计算机辅助设计、计算机辅助制造和计算机辅助教学等。

1）计算机辅助设计（Computer Aided Design，CAD）

计算机辅助设计是利用计算机软硬件系统协助设计人员进行工程或产品设计，以实现最佳的设计效果。它已广泛地应用于飞机、汽车、机械、电子、建筑和轻工等领域。例如，在电子计算机的设计过程中，利用 CAD 技术进行体系结构模拟、逻辑模拟、插件划分、自动布线等，从而大大提高了设计工作的自动化程度。

2）计算机辅助制造（Computer Aided Manufacturing，CAM）

计算机辅助制造是利用计算机系统进行生产设备的管理、控制和操作的过程。例如，在产品的制造过程中，用计算机控制机器的运行，处理生产过程中所需的数据，控制和处理材料的流动以及对产品进行检测等。使用 CAM 技术可以提高产品质量，降低成本，缩短生产周期，提高生产率和改善劳动条件。

将 CAD 和 CAM 技术集成，实现设计生产自动化，这种技术被称为计算机集成制造系统（Computer Integrated Manufacturing System，CIMS）。

3）计算机辅助教学（Computer Aided Instruction，CAI）

计算机辅助教学是利用计算机系统使用课件来进行教学。课件可以用制作工具或高级语言来开发，它能引导学生循序渐进地学习，使学生轻松自如地从课件中学到所需要的知识。

4. 过程控制（或实时控制）

过程控制是利用计算机及时采集检测到的数据，按最优值迅速地对控制对象进行自动调节或自动控制。采用计算机进行过程控制，不仅可以提高控制的自动化水平，而且可以提高控制的及时性和准确性，从而改善劳动条件、提高产品质量及合格率。因此，计算机过程控制已在机械、石油、航天等诸多领域得到广泛应用。

例如，在汽车工业方面，利用计算机控制机床（数控机床）、控制整个装配流水线，不仅可以实现精度要求高、形状复杂的零件加工自动化，而且可以使整个车间或工厂实现自动化。

5. 人工智能（或智能模拟）

人工智能（Artificial Intelligence，AI）是计算机模拟人类的智能活动，如感知、判断、理解、学习、问题求解和图像识别等，这一研究方向具有广阔的发展前景。现在人工智能的研究已取得不少成果，有些已开始走向实用阶段。例如，能模拟高水平医学专家进行疾病诊疗的专家系统，具有一定思维能力的智能机器人等。

6. 网络应用

计算机技术与现代通信技术的融合构成了计算机网络。计算机网络的建立，不仅解决了一个单位、一个地区、一个国家乃至整个地球和外太空计算机与计算机之间的通讯，各种软、硬件资源的共享,同时促进了国际间的文字、图像、视频和声音等各类数据的传输与处理。

1.5 本 章 小 结

计算机是一台接受输入数据和程序并最后输出数据的电子设备。程序是一系列按顺序执行的指令集合,指令则是告诉计算机如何处理数据的命令。现在的计算机都是基于冯·诺依曼模型的,采用二进制和程序存储,数据和程序不加区别地存储在存储器中。基于冯·诺依曼模型的计算机由运算器、逻辑控制装置、存储器系统、输入设备和输出设备五个部分组成。本章按采用的电子器件对计算机进行了年代划分,分为电子管、晶体管、集成电路和大规模集成电路。根据不同的分类标准对计算机进行了分类,按照规模和性能分为巨型机、大中型计算机、小型机和微型机。此外还介绍了计算机的特点,包括运算速度快、计算精度高、存储容量大、复杂的逻辑判断和按程序自动运行。计算机应用领域有科学计算、数据处理、计算机辅助技术、过程控制、人工智能和网络应用等。学习完本章内容之后,应该对计算机有一个整体的了解,为以后对计算机相关知识的学习建立基础。

习 题 1

一、填空题

1. 计算机是一台接受输入_____和_____并最后输出数据的电子设备。

2. 基于冯·诺依曼模型的计算机由_____、_____、_____、_____和_____五部分组成。

3. 人类活动中使用的_____、_____、_____、_____和_____等都可视为数据。

4. 一个完整的计算机系统由_____和_____组成,两者不可分割。

5. 同一系列的不同型号的计算机可以执行同一个软件,称为_____。

6. 计算机的分类,按其处理数据的形态分类_____、_____和_____。

二、简答题

1. 计算机的发展经历了哪几个阶段及其主要特征?

2. 按照规模和性能指标,计算机分为哪些类型?

3. 计算机的基本工作原理及其主要内容是什么?

4. 计算机有哪些特点?

5. 计算机的应用领域是什么?

第 2 章

计算机组成与基本工作原理

本章学习目标

- 熟练掌握数制与数制转换；
- 掌握数据在计算机中的表示；
- 掌握计算机的硬件组成及各部分功能；
- 掌握计算机基本工作原理。

2.1　数据表示与位运算

在计算机中,数据信息分为数值型数据和非数值型数据。数值型数据就是我们平时使用的数字；而非数值型数据主要有文本、图像、音频和视频等。

2.1.1　数制与数制转换

1. 数制

对数值型数据的表示规则称为数制。我们熟悉的是十进制记数系统,它由 0 到 9 这 10 个数符组成,逢 10 进 1,并且每个数符在不同位置其意义是不相同的。一个数的十进制表示方法记为：$d_n d_{n-1} \cdots d_1 d_{0(10)}$ 其中：

$$d_n \in \{1, \cdots, 9\}, n > 0 (多位数)$$
$$d_n \in \{0, \cdots, 9\}, n = 0 (一位数)$$
$$d_{n-1}, \cdots, d_1, d_0 \in \{0, \cdots, 9\}$$

则该数的值可用下式得出：

$$d_n \times 10^n + d_{n-1} \times 10^{n-1} + \cdots + d_1 \times 10^1 + d_0 \times 10^0$$

例如,$790607_{(10)}$ 的值是：

$$7 \times 10^5 + 9 \times 10^4 + 0 \times 10^3 + 6 \times 10^2 + 0 \times 10^1 + 7 \times 10^0$$
$$= 700\,000 + 90\,000 + 0 + 600 + 0 + 7$$
$$= 790\,607$$

在计算机中,使用的是二进制记数系统。一个数的二进制表示记为：$b_n b_{n-1} \cdots b_1 b_{0(2)}$ 其中：

$$b_n = 1, n > 0$$
$$b_n \in \{0, 1\}, n = 0$$
$$b_{n-1}, \cdots, b_1, b_0 \in \{0, 1\}$$

则该数的值可用下式得出：
$$b_n \times 2^n + b_{n-1} \times 2^{n-1} + \cdots + b_1 \times 2^1 + b_0 \times 2^0$$

例如，二进制数 $1111001_{(2)}$ 对应的十进制数是：
$$1 \times 2^6 + 1 \times 2^5 + 1 \times 2^4 + 1 \times 2^3 + 0 \times 2^2 + 0 \times 2^1 + 1 \times 2^0$$
$$= 64 + 32 + 16 + 8 + 0 + 0 + 1$$
$$= 121$$

为了读写方便，可以将二进制数用八进制或十六进制数表示。八进制数使用 0～7 这 8 个数符进行记数，逢 8 进 1。十六进制数则使用 0～9 共 10 个数字和 A～F 共 6 个字母进行计数，其中 A～F 表示 10～15 这 6 个数，逢 16 进 1。

上述每种数制，在表示一个数时使用的数符个数是不变的，我们称之为基数，用 R 表示。如二进制数，基数 $R=2$。对于任意进位记数制，若基数用 R 表示，那么任意一个数 N 可表示为：
$$N = \pm \sum_{i=n-1}^{-m} a_i R^i$$

其中 m、n 是幂指数，均为正整数，a_i 为 0、1、$\cdots$、$(R-1)$ 中的任意一个，R 是基数，R^i 则是 a_i 在其位置上的权值。例如，对于二进制，任意数 N 可表示为：$N = \pm \sum_{i=n-1}^{-m} a_i 2^i$，基数是 2，而 a_i 只能为 0 或者 1。

书写时为了区别各种数制，可在数的右下角注明数制。如 $(1101)_2$、$(657)_8$ 和 $(5A)_{16}$ 的下标表示它们的进制。也可在数的后面加字母来区别，如添加字母 B(Binary) 用来表示二进制数；加字母 O(Octal) 表示八进制数；加 D(Decimal) 或不加字母表示十进制数；加 H(Hexadecimal) 表示十六进制数。例如 1101B 表示二进制数，5AH 表示十六进制数。

2. 数制转换

当任意数 N 从一种进制表示转换到另一种进制表示，其整数部分和小数部分应该对应相等，这是不同进制数之间转换的依据。

1）十进制数向二进制数转换

十进制数的整数部分转换为二进制数，采用连续除 2，并写出每次的商和余数，其中余数写在右边，商记在每次运算的下方，直到商为 0。转换结果为余数由低到高排列。

例 2-1 将十进制数 35 转换为二进制数。

解：

```
2 | 35
  2 | 17        1
    2 | 8        1
      2 | 4      0
        2 | 2    0
          2 | 1  0
              0  1
```

其转换结果为 100011B。

十进制数的小数部分转换为二进制数，采用连续乘 2，记录乘积中整数的方法。转换结果为整数部分由高到低排列。

例 2-2   将十进制数 0.125 转换为二进制数。

解：

$$
\begin{array}{r}
0.125 \\
\times \quad 2 \\
\hline
0.250 \quad \text{取整 } 0 \\
\times \quad 2 \\
\hline
0.5 \quad \text{取整 } 0 \\
\times \quad 2 \\
\hline
1.0 \quad \text{取整 } 1
\end{array}
$$

转换结果即 0.001，被转换数据取整后为 0 或者达到要求的精度即可停止乘 2。

2）其他进制向十进制数转换

将任意一种进制数转换为十进制数时，可采用按权展开，逐项求和的方法。

例 2-3   将二进制数 110101.101B 转换为十进制数。

解：将 110101.101 按权值累加求和，即 $2^5 + 2^4 + 2^2 + 2^0 + 2^{-1} + 2^{-3} = 53.625$，求和时不用考虑零位置上的权值。转换结果为 53.625。

例 2-4   将十六进制数 10AF.25H 转换为十进制数。

解：按权值展开即 $1 \times 16^2 + 10 \times 16^1 + 15 \times 16^0 + 2 \times 16^{-1} + 5 \times 16^{-2} = 431.144\,531\,25$。

3）八进制和十六进制数与二进制数之间的转换

由于 1 位八进制数对应 3 位二进制数，而 1 位十六进制数对应 4 位二进制数。因此，它们之间的转换比较容易。

对于八进制数，将每一位八进制数直接写成相应的 3 位二进制数即可。二进制数转换成八进制数的方法是：从小数点向左或向右将每 3 位二进制数分成一组，若不足 3 位可用 0 补足。然后，将每一组二进制数直接写成相应的 1 位八进制数。

对于十六进制数，可将一位十六进制数直接写成相应的 4 位二进制数。而二进制数转换成十六进制数的方法是：从小数点向左或向右将每 4 位二进制数分成一组，若不足 4 位可用 0 补足。然后，将每一组二进制数直接写成相应的 1 位十六进制数。

例 2-5   将八进制数 136 转换为二进制，将二进制数 10101101 转换为八进制数。

解：136 转换为二进制数是 001 011 110B。

10 101 101B 转换为八进制数是 255。

例 2-6   将十六进制数 1AFH 转换为二进制，将 10110110B 转换为十六进制数。

解：1AFH 转换为二进制数是 0001 1010 1111B。

1010 0110 B 转换为十六进制数是 A6H。

在计算机中采用二进制而没有采用十进制或其他进制，是因为二进制有如下几个优点：

1）二进制数的状态简单，容易实现

由于二进制只有 0 和 1 两个状态，很容易用具有两个稳定状态的物理器件实现。例如，在计算机中常用电位的“高”和“低”、脉冲的“有”和“无”、晶体管的“导通”和“截止”来表示“1”和“0”。在磁性介质中，对存储介质的不同磁化方向来表示“1”和“0”。在光盘中，用激光在空白盘片上进行刻录形成微小的凹坑来表示“1”和“0”。用这些方法来处理二进制要比十进制在物理上更容易实现。

2）逻辑运算简单

计算机不仅进行算术运算，还要进行逻辑判断，逻辑判断中的两个值"真"和"假"与二进制"1"和"0"相对应。这为计算机实现逻辑运算和程序中的逻辑判断提供了方便，同时也简化了计算机的逻辑线路设计。

3）二进制的运算规则简单

例如：

二进制数的"乘"运算：$1 \times 1 = 1, 1 \times 0 = 0$；

二进制数的"加"运算：$1 + 1 = 10, 1 + 0 = 1$；

二进制数的"减"运算：$1 - 1 = 0, 10 - 1 = 1$。

2.1.2　数的定点与浮点表示

对于数值型数据，有整数和小数之分。在计算机中，为了规范化表示数值型数据，有两种方法确定小数点位置，即定点表示和浮点表示。在计算机中，数的正负也被数码化了，通常在一个二进制数的最高位用 0 表示这个数为正数，用 1 表示为负数。

1. 定点数表示

定点数即小数点位置固定的数，分为定点整数和定点小数。

对于定点整数，约定小数点隐含在最低有效位后面，即

S	d	d	d	d	d	d	$\cdots$	d

·小数点位置

S 表示数的符号，d 表示数值位，对于二进制数，d 为 0 或者 1。这里小数点隐含在最后一个数值位的后面。

对于定点小数，约定小数点在符号位与最高数值位之间，即隐含地位于 S 与第一个数值位之间。即

S	d	d	d	d	d	d	$\cdots$	d

·小数点位置

当表示一个定点数的二进制位数确定以后，定点数所表示的范围也就确定了。当一个数超出了这个范围，使用定点数已无法表示这个数时，这种情况称为"溢出"。

2. 浮点数表示

浮点数即小数点位置不固定的数，根据需要而浮动，它既有整数部分又有小数部分。在计算机中，表示一个浮点数，其结构如下：

数符$\pm$	尾数 M	阶符$\pm$	阶码 E

尾数使用定点小数来表示数据的有效位数，确定这个数的精度。阶码使用定点整数来表示小数点位置，确定这个数的大小。数符表示的是这个数的正负，而阶符表示的是阶码的正负，即小数点的移动方向。

为了便于软件的移植，对浮点数的表示格式要有统一的标准。1985 年 IEEE(Institute of Electrical and Electronics Engineers)提出了 IEEE754 标准。该标准规定基数为 2，阶码

E 用移码表示,尾数 M 用原码表示,根据原码的规格化方法,最高数字位总是 1,该标准将这个 1 缺省存储,使得尾数表示范围比实际存储的多一位。IEEE754 标准的浮点数具体有三种形式,如表 2.1 所示。

表 2.1　浮点数的三种表示形式

类　　型	存 储 位 数			偏 移 值		
	数符(S)	阶码(E)	尾数(M)	总位数	十六进制	十进制
短实数(Single,Float)	1 位	8 位	23 位	32 位	0x7FH	+127
长实数(Double)	1 位	11 位	52 位	64 位	0x3FFH	+1023
临时实数(不常用)	1 位	15 位	64 位	80 位	0x3FFFH	+16383

对于阶码为 0 或 255(2047)的情况,IEEE 有特殊的规定。即如果 E 是 0 并且 M 是 0,这个数为 ±0(和符号位相关);如果 $E=2-1$ 并且 M 是 0,这个数是正负无穷大(同样和符号位相关);如果 $E=2-1$ 并且 M 非 0,这种表示不是一个数。

标准浮点数的存储在尾数中隐含存储着一个 1,因此在计算尾数的真值时比一般形式要多一个整数 1。对于阶码 E 的存储形式是 127 的偏移,所以在计算其移码时与人们熟悉的 128 偏移不一样,正数的值比用 128 偏移求得的少 1,负数的值多 1,为避免计算错误,方便理解,常将 E 当成二进制真值进行存储。

例 2-7　将数值 −0.5 按 IEEE754 单精度(32 位)格式存储。

解:首先将 −0.5 转换成二进制并写成标准形式,−0.5(十进制)= −0.1(二进制)= −1.0×2^{−1}(二进制,−1 是指数),这里 $S=1$,M 为全 0,$E-127=-1$,$E=126$(十进制)= 01111110(二进制),则 −0.5 在计算机中的存储形式为:

1 01111110 00000000000000000000000

2.1.3　数值型数据的表示

上两节主要介绍了数值型数据的进制表示及数的正负和小数点表示,将一个数进行数码化,解决了数在计算机中的表示问题。数在计算机中的表示形式称为机器数,一个数的真值是机器数所表示的实际值大小,与机器数的对应关系是符号位没有数码化,依然使用 + 或 − 来表示。如一个数的真值是 +1011011,那么它的机器数可以是 01011011。

在计算机中对数据进行运算操作时,是否符号位与数值位一起参与运算? 各种运算结果是否正确? 为了解决以上两个问题,还需要对机器数进行编码,由此引出了数据的原码、反码、补码和移码等表示形式。无论哪种编码,应该与实际使用中的数相同,即表示的是同一个数值。

1. 原码

原码是一种简单的机器数表示法。它用符号位和数值位表示一个带符号数,正数符号为 0,负数符号为 1。

例 2-8　求二进制数 +10011,−10011 的原码,假定机器的字长是 8 位,即处理器一次处理的二进制位数。

解:　　　　　　　　$[+10011]_原 = 00010011$　　$[-10011]_原 = 10010011$

用原码表示零时有两种形式:

$$[+0]_{原} = 00000000 \quad [-0]_{原} = 10000000$$

原码表示数的范围(对于 8 位二进制数和 16 位二进制数):

$$8 位: -127 \sim +127 \quad 16 位: -32767 \sim +32767$$

对任意 N 位二进制,它的原码表示范围是: $-(2^{N-1}-1) \sim +(2^{N-1}-1)$。

在使用原码表示一个数时,与真值之间转换方便。原码比较适合乘除法运算,但对加减法运算时会出错。

2. 反码

正数的反码与原码相同,负数的反码是对该数原码除了符号位外各位取反,即 1 变成 0,0 变成 1。任意数的反码的反码即原码本身。

例 2-9 求二进制数 $+10011$,-10011 的反码。

解: $\qquad [+10011]_{反} = 00010011 \quad [-10011]_{反} = 11101100$

用反码表示零时也有两种形式:

$$[+0]_{反} = 00000000 \quad [-0]_{反} = 11111111$$

对任意 N 位二进制数,它的反码表示范围是: $-(2^{N-1}-1) \sim +(2^{N-1}-1)$。

3. 补码

正数的补码与原码相同,负数的补码是对该数的原码除了符号位外各位取反,在末位加 1。在计算机中,使用补码的目的是使符号位能与数值部分一起参加运算,从而简化运算规则。补码机器数中的符号位,并不是强加上去的,是数据本身的自然组成部分,可以正常地参与运算。另外使用补码可将减法运算转换为加法运算,进一步简化计算机中运算部件的线路设计。

例 2-10 求二进制数 $+10011$,-10011 的补码。

解: $\qquad [+10011]_{补} = 00010011 \quad [-10011]_{补} = 11101101$

使用补码表示零时其形式是唯一的,即 $[+0]_{补} = [-0]_{补} = 00000000$。

对于 8 位二进制数,它的补码表示范围是: $-128 \sim 127$。在补码中用 -128 代替了 -0,这个是人为规定的,-128 没有原码和反码。因此对于 8 位二进制数,它的补码可以表示 256 个数。

对任意 N 位二进制数,它的补码表示范围是: $-(2^{N-1}) \sim +(2^{N-1}-1)$。

4. 移码

移码是符号位取反的补码,一般用于表示浮点数的阶码,引入它的目的是为了保证浮点数的机器零的所有二进制位都是 0。移码与补码的关系是符号位互为相反数,其余位相同。

例 2-11 某数的真值 $x = +1101$,那么它的补码 $[x]_{补} = 01101$,它的移码 $[x]_{移} = 11101$。

2.1.4 非数值型数据的表示

在计算机中,非数值型数据主要有文本、图像、音频和视频等。

1. 文本

在计算机中,数据都是以二进制形式表示的,对于单个的二进制位并不能解决数据的表示问题,它只能表示 0 或 1。然而,我们需要存储更大的数、文本、图像等。因此,为了表示不同类型的数据,我们使用位模式,它是一个二进制序列,可以由 8 位、16 位或其他位数的二进制位组成。不同长度的位模式所能表示的符号数量是不同的。如 8 位的位模式可以表示 256 个符号。

在任何语言中,文本是用来表示该语言中某个意思的一系列符号。例如,在英文中使用 26 个英文字母,通过对它们的组合构成英文单词来表达某种含义。在汉语中使用的汉字是构成汉语语言的要素。在计算机中,该如何表示这些文本呢? 我们可以设计使用一定长度的位模式来表示文本符号,由这组位模式构成的集合被称为代码,用这组代码表示符号的过程被称为编码。

1) ASCII 码

ASCII 即美国标准信息交换码,采用 7 位二进制位进行编码,可表示 128 个字符,包括 26 个大写和小写的英文字母、数字 0~9、一些标点符号和控制符号(如回车、换行等)。由于计算机中常以 8 位二进制即一个字节为单位表示信息,因此将 ASCII 码的最高位置 0,而扩展的 ASCII 码最高位置 1,这样又可表示 128 个字符。

字母和数字的 ASCII 码的记忆是非常简单的。只要记住一个字母或数字的 ASCII 码(例如记住 A 为 65,a 为 97 和 0 的 ASCII 码为 48),知道相应的大小写字母之间差 32,就可以推算出其余字母、数字的 ASCII 码。

2) BCD 码

BCD 码(Binary-Coded Decimal)又称为二-十进制代码。它是一种二进制的数字编码形式,用二进制编码的十进制代码。这种编码形式用 4 位二进制数来表示 1 位十进制数中的 0~9 这 10 个数码,它使二进制和十进制之间的转换得以快捷地进行。它分为有权码和无权码。有权 BCD 码,如 8421、2421、5421 等;而无权 BCD 码,如余 3 码、格雷码等。最常用的是 8421 码,直观便于理解,从左到右每位二进制的权为 8、4、2、1,因此称为 8421 码。

例如:$(0001100101111001.0000011000000111)_{8421BCD}$ 对应的十进制数是 1979.0607。

3) 汉字编码

汉字编码是为汉字设计的一种便于输入计算机的代码。汉字信息处理系统一般包括编码、输入、存储、编辑、输出和传输。对汉字进行编码是关键,不解决这个问题,汉字就无法输入计算机。

(1) 汉字的输入编码

• 国标码

国家标准代码(简称国标码),是中文常用的汉字编码集。在计算机中使用 GB2312-80 或 GB18030-2005,两者是汉字编码系统的标准,用于表示简体中文汉字。

• 拼音码

拼音码是以汉语拼音为基础的输入方法。由于汉字同音字太多,输入时重码率很高,因此按拼音输入后还要进行同音字选择,影响输入效率。

• 字型码

字型码是以汉字的形状来进行编码。由于构成汉字的笔画是有限的,因此把汉字的笔画用字母或数字进行编码,按笔画的顺序依次输入,就能表示一个汉字。例如五笔字型输入编码。

目前,汉字输入方法和输入技术发展迅速。拼音输入法有微软拼音、紫光拼音等。新的输入技术有语音输入和图像识别技术等。

（2）汉字内码

汉字内码又称机内码,在计算机中要同时处理双字节的汉字与单字节的西文,因此要对汉字信息加以标识,与单字节的 ASCII 码字符相区别。在表示汉字的两个字节的最高位置为 1,这种高位为 1 的双字节汉字编码称为汉字的机器内码。

2. 图像

图像在计算机中有两种编码方法：位图图像和矢量图像。

1) 位图图像

位图图像(bitmap),亦称为点阵图像或绘制图像,是由称作像素的单个点组成的。这些点可以进行不同的排列和染色以构成图像。当放大位图时,可以看见构成整个图像的无数单个方块,每个方块即一个像素。扩大位图尺寸的效果是增大单个像素,从而使线条和形状显得参差不齐。图像的显示效果由图像的分辨率决定。一幅图像被分成的像素越多,显示的效果越好,也需要更多的存储空间来存储图像数据。

在把图像分成像素之后,可用位模式对每一个像素进行编码,便于存储和处理。对于不同的图像,编码的方法可以不同。如黑白图像,用 1 位模式即可表示像素,用 0 表示黑像素,用 1 表示白像素。如果一幅图像不是由纯黑和纯白像素组成,可以通过增加位模式的长度来表示灰色度,即从黑渐变到白的过程。如用 8 位位模式表示灰度级,可表示 256 级灰度。如果是一幅彩色图像,则每一种彩色图像被分解成三种主色,即红、绿和蓝。对于每一个像素,有 3 个位模式,用来分别表示红色、绿色和蓝色的强度。

2) 矢量图

位图图像用精确的位模式表示后存储在计算机中,如果重新调整大小,必须改变像素的大小,将会产生波纹状或颗粒状的图像。矢量图是将计算机图形学中用点、直线或者多边形等基于数学方程的几何图元表示图像。矢量图不存储位模式,而是把数学方程存储在计算机中。当调整图像大小时,系统根据新的尺寸重新设计图像并用相同的数学方程画出图像。在对矢量图进行任意的缩放、旋转和变形等操作时,图像仍具有很高的显示和印刷质量,而且不会产生锯齿模糊效果。

3. 音频

随着多媒体技术的出现,音频数据在计算机中的处理和存储已成为现实。音频由许多不同振幅和频率的正弦波组成,计算机不能直接处理这些连续的模拟量,要经过数字化后才能被计算机识别和处理。计算机获取声音的过程即声音信号数字化的处理过程。这一过程主要包括采样、量化和编码,如图 2.1 所示。

以一定时间间隔对声音信号进行采样,即采样频率,单位是 Hz。采样频率越高,单位时间内所得到的幅值就越多,还原为原来的模拟量就越精确。经过采样后得到的幅值,经过量化和编码,可以在计算机内进行存储和传输。在计算机中以文件的形式存储声音,常用的文件扩展名有 wav、mid、mp3 等。需要播放软件和声卡才能对这些文件进行处理。

4. 视频

视频是图像(帧)在时间上的连续表示。连续的有变化的图像以每秒超过 24 帧画面放映时,根据视觉暂留原理,人眼无法辨别单幅的静态画面,看上去是平滑连续的一种视觉效果,这样连续的画面叫做视频。通常,帧与帧之间的图像内容只有部分是变化的,在存储每一帧的内容时可以进行压缩,即帧与帧之间相同的部分只记录一次,其余帧只记录变化的内

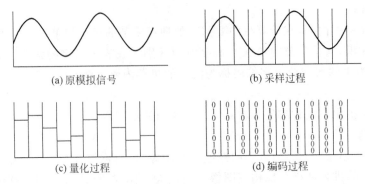

图 2.1   模拟信号的采样、量化和编码过程

容,每一帧的内容还可以进一步压缩,如多个连续的零值,只要记录个数即可。这样可以节省存储空间来存储更多的视频数据。视频数据往往伴有音频数据,如在欣赏电影时,不仅能够看到连续变化的图像,而且能够听到伴随的声音。

对视频数据进行存储和处理时也是要进行编码的,常用的编码格式,即视频文件格式如表 2.2 所示。

表 2.2   不同的视频文件格式

微软视频	Real Player	MPEG 视频	手机视频	其他常见视频
wmv、asf、asx	rm、rmvb	mpg、mpeg、mpe	3gp	avi、dat、mkv、vob、mov、mp4

2.1.5   位运算

位运算就是计算机中的各种运算是按二进制位进行的,主要分为两大类:算术运算和逻辑运算。

1. 算术运算

算术运算包括加、减、乘、除等。适用于整数和浮点数。这里我们只先研究加法和减法运算。对整数以二进制补码形式进行加和减运算,因为在计算机中整数以这种形式进行存储。

二进制补码中加法与十进制中的加法规则类似,列与列相加,如果有进位,则把进位加到左边一列。在二进制中,对应的位相加时结果只能是 0 或 1,进位为 1,高位有时需要累加从低位进位上来的多个 1。

例 2-12   用二进制补码表示方法将两个数相加,如 $17 + 24$,结果为 41。

解:设这些数字存储在 8 位的存储单元中,首先将 17 和 24 分别表示为二进制补码形式 00010001 和 00011000。对于不同长度的存储单元其结果是相等的,只是在表示的时候高位部分要填补 0。

```
进位          1
           0 0 0 1 0 0 0 1
    +      0 0 0 1 1 0 0 0
结果       0 0 1 0 1 0 0 1
```

求得结果后,其形式是补码,对于结果是负数的情况,还要对结果再一次求补码,才能得到结果原码,再转换为十进制数。此题结果为正数可直接转换为十进制数,其结果为41。

例 2-13　用二进制补码表示方法将两个数相减,17-24。

解:17-24 相当于 17 +(-24),首先求得 17 和-24 的补码,17 的补码与原码相同,都是 00010001,-24 的原码是 10011000,注意此时的最高位 1 为符号位,其补码是 11101000。

```
     00010001
  +  11101000
```
结果　　11111001

对结果再次求补码,得到 10000111,则对应的十进制数是-7。

例 2-14　用二进制补码表示方法将两个数相加:126 + 5。

解:首先求得 126 和 5 的补码,分别为 01111111 和 00000101。

```
进位　  1111111
       01111111
  +    00000101
```
结果　　10000100

从结果发现符号位是 1,结果为负数,而正确的结果应该是正数。产生这种情况称为"溢出",是指一个数超出了给定位模式所表示范围时而发生的错误。由 2.1.3 节可知,8 位二进制补码表示数的范围是-128～+127,而此题正确结果应是 131。因此,为得到正确结果,需要更长的位模式,也就是需要增加计算机存储单元的长度。只有当两个数的符号相同且做加法时才有可能产生溢出。

2. 逻辑运算

逻辑运算又称布尔运算,英国数学家布尔用数学方法研究逻辑问题,成功地建立了逻辑演算。他用等式表示判断,把推理看作等式的变换,这一逻辑理论称作布尔代数。在 20 世纪 30 年代,布尔代数在电路系统上获得应用,并应用于计算机硬件设计中,现在复杂的硬件系统的变换都遵守布尔所揭示的规律。常用的逻辑运算有与运算、或运算、非运算和异或运算。

1) 与运算(逻辑乘)

其运算规则是当且仅当对应位置都是 1 时,结果为 1,否则结果为 0。用 AND 符号来表示与运算。如果某一位为 0,可以不用校验另一个数的对应位,直接得出结果为 0。

例 2-15　用与运算计算 10011001 AND 00101001 的结果。

```
        10011001
  AND   00101001
```
结果　　00001001

2) 或运算(逻辑加)

其运算规则是当且仅当对应位置都是 0 时,结果为 0,否则结果为 1。用 OR 符号来表示或运算。如果某一位为 1,可以不用校验另一个数的对应位,可直接得出结果为 1。

例 2-16　用或运算计算 10011001 OR 00101001 的结果。

```
       10011001
  OR   00101001
```
结果　　10111001

3) 非运算(逻辑非)

它是一元运算符,只有一个操作数。其运算规则是对输入的位模式取反,即把 0 转换为 1,把 1 转换为 0。用 NOT 符号来表示非运算。

例 2-17　用非运算计算 NOT 10011001。

NOT　0 0 1 0 1 0 0 1

结果　　　1 1 0 1 0 1 1 0

4) 异或运算(逻辑异或)

其运算规则是当且仅当对应位置相同时,即同时为 0 或同时为 1,则结果为 0,否则结果为 1。用 XOR 符号来表示异或运算。如果一个输入的位是 1,那么结果就是另一个输入位取反。

例 2-18　用异或运算计算 10011001 XOR 00101001 的结果。

1 0 0 1 1 0 0 1

XOR　0 0 1 0 1 0 0 1

结果　　　1 0 1 1 0 0 0 0

综上,计算机中的逻辑运算按位进行,没有进位问题,比算术运算过程简单。它是计算机硬件进行逻辑判断的基础。

2.2　计算机的硬件组成

一个完整的计算机系统由硬件系统和软件系统组成。硬件是计算机工作的物理基础,是指能看得见摸得着的实体。硬件系统负责输入、存储和处理数据,并且能够为用户显示输出结果。由于面向个人用户的微型计算机最为普遍,因此我们主要研究微型计算机的硬件组成和软件组成,其硬件系统主要由运算器、控制器、存储器、输入设备和输出设备 5 大部分组成。其中运算器和控制器被集成在一起,称为中央处理器(CPU)。

2.2.1　运算器

运算器是完成各种算术运算和逻辑运算操作的部件,也称为算术逻辑单元(Arithmetic-Logic Unit,ALU),完成的基本操作包括加、减、乘、除四则运算,与、或、非、异或等逻辑操作以及移位、比较和传送等。运算器的操作和操作种类是由控制器决定的,运算器处理的数据来自主存储器,处理后的结果通常送回主存储器,或者暂时寄存在运算器中。

2.2.2　控制器

控制器是整个计算机系统的指挥控制中心,对协调整个电脑有序工作极为重要。控制器从内存储器中按照程序设计的既定顺序取出指令,并对每条指令进行译码分析,然后向各个部件发出执行指令的命令,还要接收执行部件向控制器发回的有关指令执行情况的反馈信息,根据这些信息来决定下一步发出哪些操作命令。这一过程使得计算机能够按照一系列指令组成的程序要求自动完成各项任务。

通常把运算器和控制器合称为中央处理器,如图 2.2 所示。在 CPU 内除了运算器和控制器外,还有寄存器组。寄存器是用来临时存放数据的高速独立的存储单元,每个寄存器的位长和运算器的位长相等,它们决定了机器的字长,即 CPU 一次能够处理的二进制位数。按照存储内容的不同,寄存器又分为数据寄存器、指令寄存器和程序计数器等。

2.2.3 存储器系统

存储器是计算机系统中的记忆设备,用来存放程序和数据。目前主要采用半导体器件和磁性材料来构成存储器的存储介质。无论采用哪种介质,记忆元件应具有两种稳定状态,分别表示 0 和 1。一个二进制位是存储器中最小的单位,称为存储位或存储元。由若干个存储元组成一个存储单元,然后再由许多存储单元组成一个存储器。

1. 存储器的分类

根据构成存储器存储介质的性能及使用方法不同,存储器有各种不同的分类方法。

图 2.2　Intel 公司的酷睿 i7 中央处理器

1) 按存储介质分类

目前使用的存储介质主要有半导体材料和磁性材料。用半导体器件构成的存储器称为半导体存储器,如内存储器(简称内存或主存,memory),它以内存条的形式接入计算机主板中。主存用来暂时性地存放 CPU 直接通过地址总线和数据总线存取的程序和数据,有两种类型,分别是随机存取存储器(Random Access Memory,RAM)和只读存储器(Read Only Memory,ROM)。用磁性材料构成的存储器称为磁表面存储器,如磁盘存储器和磁带存储器。此外,还有采用激光技术构成的光盘存储器等。这类存储器可以长期保存程序和数据供将来使用,也称为辅助存储器(storage)。辅助存储器中的程序和数据不能被 CPU 直接访问,必须经过 I/O 通道转移到主存后才能被 CPU 访问。

2) 按存取方式分类

如果存储器中任何存储单元的内容都能被随机存取,且存取时间和存储单元的物理位置无关,则称为随机存储器。如果存储器只能按某种顺序来存取,即存取时间和存储单元的物理位置有关,则称为顺序存储器。如磁带存储器。而磁盘存储器介于二者之间,属于半顺序存储器。

3) 按存储器读写功能分类

有些半导体存储器中的内容固定不变,即只能读出而不能写入,称之为只读存储器(ROM)。既能读出又能写入的半导体存储器,称为随机读写存储器(RAM)。

4) 按信息是否可保存分类

断电后信息即消失的存储器,称为易失性存储器。断电后还能保存信息的存储器,称为非易失性存储器。半导体读写存储器 RAM 是易失性存储器,磁性材料构成的存储器是非易失性存储器。

5) 按在计算机中的作用分类

根据存储器在计算机系统中所起的作用,可以分为主存储器(内存)、辅助存储器(外存)、高速缓冲存储器和控制存储器等。控制存储器在 CPU 内,用来存放计算机所执行的每条指令所对应的微命令,这些微命令用来控制具体部件的动作。

下面重点介绍一下随机存取存储器(RAM)和只读存储器(ROM)。

随机存储器是一种易失性存储器,关掉电源后存储的数据会丢失。计算机中的主存存储的是临时的程序和数据,允许 CPU 以随机(或任意的顺序)的方式访问。由于 RAM 既能读数据也能往里写入数据,因此也称为可读/写存储器。根据 RAM 的组成结构不同,主要分为静态 RAM(SRAM)和动态 RAM(DRAM)。

1) SRAM

SRAM 仍然是一种在计算机系统电源供电时临时存储数据的存储器。它使用多个晶体管来存储一位二进制数据。

2) DRAM

DRAM 以存储层来存储数据,每层都有晶体管和电容。不像 SRAM,DRAM 需要定期地刷新,因为电容的放电效应,间隔一定时间不刷新 DRAM,存储的数据会丢失。即使掉电后,DRAM 中的数据也会保存一段时间。

只读存储器(ROM)能够持久保存数据的存储器,即使电源关掉,里面存储的数据依然存在。从 ROM 中可以很容易地读出数据,而且不会改变里面的数据。ROM 通常被应用于计算器和激光打印机等设备中。根据 ROM 的构成,主要分为可编程 ROM(PROM)、可擦除可编程 ROM(EPROM)、电可擦除可编程 ROM(EEPROM)和闪存(Flash ROM)四种类型。

1) PROM

PROM 是一种只能进行一次写入操作的存储器芯片。一旦数据被写入就会永久的保存数据,是不能再被擦除的。为了向 PROM 中写入数据,需要一种 PROM 编程器的设备。向 PROM 芯片中写入数据的方法叫做烧写 PROM(或编程)。

2) EPROM

可擦除 PROM 是一种可以利用紫外线擦除或毁坏的 ROM。通过紫外线照射以后,可以使用编程设备再一次写入数据,EPROM 为改变存储的数据提供了便利性,成为可编程的 ROM。

3) EEPROM

EEPROM 使用相应的编程工具,编程工具的电压往往高于 EEPROM 的工作电压,可以对这种类型 ROM 进行擦除和写入数据,比 EPROM 更方便,可以多次擦除和写入数据。

4) Flash ROM

闪存(Flash Memory)是一种使用寿命长的非易失性存储器,数据删除不是以单个的字节为单位而是以固定的区块为单位,区块大小一般为 256KB～20MB。这样闪存的更新速度更快。由于其断电时仍能保存数据,利用闪存技术制作各种闪存卡(Flash Card)存储电子信息的存储器,一般应用在数码相机,掌上电脑,MP3 和手机等小型数码产品中作为存储介质,由于尺寸小,类似一张卡片,所以称之为闪存卡。

闪存卡分为 NOR Flash 和 NAND Flash 两种类型。NOR 型闪存与 NAND 型闪存的区别很大,NOR 型闪存更像内存,可以随机读取数据,通常需要专用的工具写入数据,有独立的地址线和数据线,但价格比较贵,容量比较小;而 NAND 型闪存更像硬盘,地址线和数据线共用的 I/O 线,NAND 型成本要低一些,容量大。

根据不同的生产厂商和不同的应用,闪存卡有 Smart Media(SM 卡)、Compact Flash(CF 卡)、Multimedia Card(MMC 卡)、Secure Digital(SD 卡)、Memory Stick(记忆棒)、XD-

Picture Card(XD 卡)和微硬盘(MICRODRIVE)等。

2. 存储器的层次结构

对存储器的要求是容量大、速度快、成本低,但是很难在一个存储器中同时兼顾这三方面。为了解决这个矛盾,目前在计算机系统中,采用多级存储器体系结构,如图 2.3 所示。

CPU 能直接访问的存储器称为内存储器,包括高速缓冲存储器和主存储器。CPU 不能直接访问外存储器,外存储器的信息必须经过相应接口电路的转换后调入内存储器才能被 CPU 进行处理。

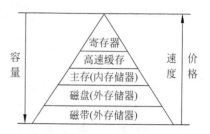

图 2.3 计算机系统中的多级存储器体系结构

主存储器用来存放计算机运行期间的大量程序和数据。外存储器是大容量的辅助存储器。主要有磁盘存储器、光盘存储器和磁带存储器等。外存储器的特点是存储容量大,成本低,用来存放系统程序、数据文件及数据库等。

高速缓冲存储器(cache)是一个高速小容量半导体存储器,用来读指令、读数据和写数据,它有一级缓存(L1)和二级缓存(L2)之分。一级缓存更靠近 CPU 运算核心,所有的指令都要先经过排序以后送入 L1 指令缓存,组成指令队列等待执行,所有正在或者将要使用的数据都尽可能地放在 L1 数据缓存中,数据读写都首先在 L1 数据缓存中完成,除非 L1 缓存中没有相应的位置,此时才会与 L2 缓存交换数据。L2 缓存不分指令缓存和数据缓存,因为本质上它更接近内存,它是内存的一个小而快的转发区域,数据和指令都能放在这里。以前 L2 缓存和 CPU 是分开的,现在为了速度也集成在了 CPU 芯片内部。和主存相比,缓存的存取速度快,但容量小,价格贵。

3. 存储器的存储容量

存储容量是存储器主要性能指标之一。存储元是计算机中最小的存储单位,用来存放一位二进制信息。通常用 8 位存储元组成一个字节。存放一个字节的单元,称为字节存储单元,相应的地址称为字节地址;存放一个机器字的存储单元,称为字存储单元,相应的地址称为字地址。一个机器字通常由多个字节组成,如 1、2、4 和 8,对应着 8、16、32 和 64 位机器。对存储器的访问通常是按地址进行的,如果存储器可编址的最小单位是字节,则该计算机为按字节寻址存储单元。

存储容量即在一个计算机中可以容纳的存储单元总数。存储容量越大,能存储的信息就越多。存储容量可以用位(bit)、字节(Byte)和字来表示,如 256b,128KB 和 32M 字。

其中 $1B=8b$,$1KB=2^{10}B$,$1MB=2^{20}B$,$1GB=2^{30}B$,$1TB=2^{40}B$。

2.2.4 输入设备

CPU 和主存储器构成计算机的主体,称为主机。主机以外的大部分硬件设备都称为外部设备或外围设备,简称外设。它包括常用的输入设备、输出设备和辅助存储设备等。辅助存储设备既是输入设备又是输出设备。

由于外围设备在结构和工作方式上与主机有很大差异,因此需要在主机和各个外设之间加入相应的逻辑部件来解决两者在速度和数据格式上的不同,这些逻辑部件称为输入/输出接口电路,简称接口。主机、接口电路和外设的关系如图 2.4 所示。

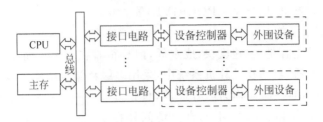

图 2.4　主机、接口电路和外围设备的关系图

输入/输出接口的基本功能有：

（1）实现数据的缓冲。主机部分是计算机中工作速度最快的，而外设如键盘，它的速度取决于用户的输入速度，二者要相差多个数量级。为了匹配这种速度差异，在接口电路中设置用于输入或输出的缓冲寄存器等部件。

（2）实现数据格式转换。例如主机采用二进制编码表示数据，而外设一般采用 ASCII 编码。主机和外设信号形式、信号电平、数据传送方式（串行和并行）等都需要进行转换。

（3）提供外设和接口的状态，并进行通信控制。CPU 通过读取接口的状态信息，来获取外设的状态，更好地控制外设的工作。CPU 通过在接口电路中设置的命令寄存器来实现主机与外设之间的数据交换。

输入设备接收来自用户的程序和数据并且转换为计算机可理解和执行的机器代码。输入设备是用户和计算机系统之间进行信息交换的主要装置之一。主要有键盘、鼠标、摄像头、扫描仪、光笔、手写板、游戏杆、语音输入装置等。

1. 键盘

键盘（Keyboard）是常用的输入设备，它由一组开关矩阵组成，包括数字键、字母键、符号键、功能键及控制键等。每一个按键在计算机中都有唯一的编码。当按下某个键时，键盘接口将该键的二进制编码送入计算机主机中，并将按键字符显示在显示器上。键盘接口电路多采用单片微处理器，由它控制整个键盘的工作，如上电时对键盘的自检、键盘扫描、按键代码的产生、发送及与主机的通讯等。

键盘与计算机的接口主要有 PS/2 接口和 USB 接口两种。PS/2 接口最早出现在 IBM 的 PS/2 机器中，因此得名。这是一种鼠标和键盘的专用接口，是一种 6 针的圆形接口，但键盘只使用其中的 4 针传输数据和供电，其余两个为空脚。目前越来越多的使用 USB 接口键盘，支持热插拔，使用中更方便一些。随着无线通信技术的发展，市场已出现无线键盘和无线鼠标。如图 2.5 所示。

(a)　　　　　　　　　　　　　　　(b)

图 2.5　PS/2 接口键盘和无线键盘

2. 鼠标

鼠标器(Mouse)是一种手持式屏幕坐标定位设备,伴随图形界面操作系统而出现的一种输入设备,现今流行的 Windows 图形操作系统环境下应用鼠标操作更加快捷。常用的鼠标器有两种,一种是机械式鼠标,另一种是光电式鼠标。

机械式鼠标的底座上装有一个可以滚动的金属球,当鼠标器在桌面上移动时,金属球与桌面摩擦,发生转动。金属球与四个方向的电位器接触,可测量出上下左右四个方向的位移量,用以控制屏幕上光标的移动。光标和鼠标器的移动方向是一致的,而且移动的距离成比例。

光电式鼠标的底部装有两个平行放置的小光源。这种鼠标在反射板上移动,光源发出的光经反射板反射后,由鼠标器接收,并转换为电移动信号送入计算机,使屏幕的光标随之移动。光电式鼠标在其他方面与机械式鼠标器一样。如图 2.6 所示。

3. 摄像头

摄像头是一种视频输入设备,被广泛地应用于视频会议、远程医疗及实时监控等方面。摄像头分为数字摄像头和模拟摄像头两大类。模拟摄像头可以将视频采集设备产生的模拟视频信号转换成数字信号,进而在计算机中进行存储、处理和传输。数字摄像头可以直接捕捉影像,然后通过串口、并口或 USB 接口传到计算机中。目前市场上主要以 USB 接口的数字摄像头为主。如图 2.7(a)所示。

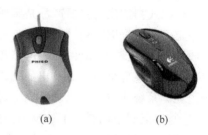

(a)　　　　(b)

图 2.6　机械式鼠标(a)和
光电式鼠标(b)

摄像头的基本工作原理是被摄物体反射光线传播到镜头(LENS),经过镜头聚焦到 CCD 芯片上,CCD 根据光的强弱积聚相应的电荷,经周期性放电,产生表示一幅幅画面的电信号,再进行信号放大和模数转换(A/D),经过输出端输出标准的复合视频信号,这种信号和家用的录像机、VCD 机和摄像机的视频输出是一样的。可以通过显示器或者电视看到摄像头捕获的图像。

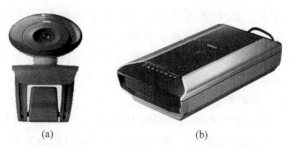

(a)　　　　　　(b)

图 2.7　USB 接口的数字摄像头和扫描仪

4. 扫描仪

扫描仪(Scanner)是一种光、机、电一体化的高科技产品,它是一种能够将各种形式的文本、图像等信息输入计算机的重要工具。如图 2.7(b)所示。扫描仪通过捕获图像并将其转换成计算机可以显示、编辑、存储和输出的数字化输入设备。其扫描对象可以是照片、文本、图纸、美术图画、照相底片等。

　　扫描仪的技术指标有分辨率、灰度级、色彩数、扫描速度和扫描幅面。分辨率是扫描仪最主要的技术指标,它表示扫描仪对图像细节上的表现能力,即决定了扫描仪所记录图像的细致度,其单位为 PPI(Pixels Per Inch)。通常用每英寸长度上扫描图像所含有像素点的个数来表示。目前大多数扫描的分辨率在 300～2400PPI 之间。PPI 数值越大,扫描的分辨率越高,扫描图像的品质也越高,但这是有限度的。当分辨率大于某一特定值时,只会使图像文件增大而不易处理,并不能对图像质量产生显著的改善。

　　根据自身特征,扫描仪主要分为便携式扫描仪、平板式扫描仪、鼓式扫描仪和滑动式扫描仪等。

　　1) 便携式扫描仪

　　便携式扫描仪通常用来扫描由"0"和"1"矩阵组成的位图图像。这种类型的扫描仪尺寸小,价格相对便宜。它适合扫描小幅图像而不适合整幅页面的扫描。

　　便携式扫描仪的主要产品是条形码阅读器,条形码是将宽度不等的多个黑条和空白,按照一定的编码规则排列,用以表达一组信息的图形标识符。条形码阅读器的结构包括光源、接收装置、光电转换部件、译码电路和计算机接口。

　　其工作原理是由光源发出的光线经过光学系统照射到条码符号上面,被反射回来的光经过光学系统成像在光电转换器上,使之产生电信号,电信号经过电路放大后产生一模拟电压,它与照射到条码符号上被反射回来的光成正比,再经过滤波、整形,形成与模拟信号对应的方波信号,经译码器解释为计算机可以直接接受的数字信号。普通的条码阅读器通常采用光笔、CCD、激光三种技术,它们都有各自的优缺点。

　　(1) CCD 阅读器的工作原理

　　CCD 为电子耦合器件(Charge Couple Device),比较适合近距离和接触阅读,使用一个或多个 LED,发出的光线能够覆盖整个条码,条码的图像被传到一排光探测器上,被每个单独的光电二极管采样,由邻近的探测器的探测结果为"黑"或"白"区分每一个条或空,从而确定条码的字符。

　　其优点是,与其他阅读器相比,CCD 阅读器的价格较便宜。缺点是 CCD 阅读器的局限在于它的阅读景深和阅读宽度,在需要阅读印在弧型表面的条码时会有困难;在一些需要远距离阅读的场合也不是很适合;信息很长或密度很低的条码很容易超出扫描头的阅读范围,导致条码不可读;有些采用多个 LED 的条码阅读器中,任意一个 LED 故障都会导致不能阅读;大部分 CCD 阅读器的首读成功率较低且误码概率高。

　　(2) 采用激光技术的条码阅读器工作原理

　　采用激光技术的条码阅读器基本工作原理是通过一个激光二极管发出一束光线,照射到一个旋转的棱镜或来回摆动的镜子上,反射后的光线穿过阅读窗照射到条码表面,光线经过条或空的反射后返回阅读器,由一个镜子进行采集、聚焦,通过光电转换器转换成电信号,该信号将通过扫描期或终端上的译码软件进行译码。

　　其优点是可以用于非接触扫描,通常阅读距离超过 30cm 以上;阅读条码密度范围广,并可以阅读不规则的条码表面或透过玻璃或透明胶纸阅读,因为是非接触阅读,因此不会损坏条码标签;由于有较先进的阅读及解码系统,首读识别成功率高、识别速度相对光笔及CCD 更快,而且对印刷质量不好或模糊的条码识别效果好;误码率极低(仅约为三百万分之一);防震防摔性能好。其缺点是价格相对较高。

2）平板式扫描仪

平板式扫描仪的表面由玻璃板构成，用来放置被扫描的文档。从构成原理上，这类扫描仪分为 CCD 技术和接触式感光元件(CIS)技术两种，从性能上讲 CCD 技术优于 CIS 技术，CIS 技术具有价格低廉、体积小等优点。

3）鼓式扫描仪

鼓式扫描仪是专业印刷排版领域应用最为广泛的产品，它使用的感光器件是光电倍增管，是一种电子管，性能远高于 CCD 类扫描仪，这些扫描仪一般光学分辨率在 1000～8000dpi，色彩位数在 24～48 位，尽管指标与平板式扫描仪相近，但实际扫描效果要比其他类型的扫描仪好很多，价格也非常高。

5. 光笔

光笔是计算机的一种输入设备，结构简单、价格低、响应速度快、操作简便，常用于交互式计算机图形系统中，它能够代替鼠标的所有功能。如图 2.8(a)所示。在图形系统中光笔将人的干预、显示器和计算机三者有机地结合起来，构成人机通信系统。利用光笔能直接在显示屏幕上对所显示的图形进行选择或修改。

(a)　　　　　　　　　　　　(b)

图 2.8　光笔和手写输入板

通常，光笔有三种用途：

(1) 利用光笔可以完成作图、改图、使图形旋转、移位放大等多种复杂功能，这在工程设计中非常有用。

(2) 进行"菜单"选择，构成人机交互接口。

(3) 辅助编辑程序，实现编辑功能。在计算机辅助出版等系统中光笔是重要的输入设备。

6. 手写输入板

手写板一般是使用一支专门的笔或者手指在特定的区域内书写文字。如图 2.8(b)所示。利用手写板可以将笔或者手指走过的轨迹记录下来，然后识别为文字。手写输入板对于不喜欢使用键盘或者不习惯使用中文输入法的人来说非常有用，可以不用学习输入法。手写板也用于精确制图，例如可用于电路设计、CAD 设计、图形设计、自由绘画以及文本和数据的输入等。

手写板有的集成在键盘上，通过它可移动光标位置；有的是单独使用，单独使用的手写板一般使用 USB 接口。目前手写板种类很多，兼有手写输入汉字和光标定位功能，也有专用于屏幕光标精确定位以完成各种绘图功能。根据构成手写板基本器件的不同，手写板可以分为电阻压力式、电磁压感式和电容触控式。

7. 语音输入装置

语音输入装置又称语音识别装置。其最终目标是要实现如同人一样具有识别语音的能力。目前,我国语音识别研究已进入大词汇量、非特定人、连续语音识别的高级阶段,但汉语普通话连续语音识别技术与设备市场的主导技术与产品都是美国 IBM 公司的 Via Voice 技术与产品,我国语音识别装置的核心部件也是采用 IBM 公司的产品。

2.2.5 输出设备

输出设备(Output Device)是指将计算机对外部信息处理结果返回给外部世界的设备总称。将计算机中的数据或信息输出给用户。它把各种计算结果数据或信息以数字、字符、图像、声音等形式表示出来。常见的有显示器、打印机、绘图仪、影像输出系统、语音输出系统、磁记录设备等。

1. 显示器

显示器(Display)又称监视器,是实现人机对话的主要工具。它既可以显示键盘输入的命令或数据,也可以显示计算机数据处理的结果。常用的显示器主要有两种类型,一种是阴极射线管(CRT)显示器;另一种是液晶(LCD)显示器,如图 2.9 所示。

(a)   (b)

图 2.9　CRT 显示器和液晶显示器

1) CRT 显示器

CRT 显示器由电子枪、偏转线圈、荫罩、荧光粉及玻璃外壳组成。偏转线圈用于电子枪发射器的定位,它能够产生一个强磁场,通过改变磁场强度来移动电子枪。线圈偏转的角度有限,当电子束传播到一个平坦的表面时,能量会轻微地偏移目标区,这时仅有部分荧光粉被击中,四边的图像都会产生弯曲现象。为了解决这个问题,显示器生产厂把显像管制造成球形,让荧光粉充分地接受到能量,缺点是屏幕将变得弯曲。

电子束射击由左至右,由上至下的过程称为刷新,不断重复地刷新能够保持图像的持续性。控制电子束扫描轨迹的电路被称为扫描控制逻辑部件,常用的扫描方式有光栅扫描(Raster Scan)和随机扫描(Random Scan)两种,二者的性能和价格差异较大。

在光栅扫描方式下,电子束要从左到右、从上到下扫描整个屏幕,扫描控制本身不必区分什么位置上有点要显示,什么位置上的点不显示,它只是控制电子束在整个屏幕上重复移动,显示的具体内容则通过另外的逻辑线路提供。在这一扫描方式下,有逐行扫描和隔行扫描两种,逐行扫描是从屏幕顶端开始,依次连续扫描所有各行;隔行扫描是这次只扫描行号为奇数的全部各行,下次再扫描行号为偶数的全部各行。电视中普遍采用的是隔行扫描。

由于光栅扫描与电视系统使用相同的技术,技术成熟性好,产品价格便宜,被广泛地应用在计算机的显示器中。

在随机扫描方式下,电子束只扫描在屏幕上有显示内容的位置,而不是整个屏幕,所以这种扫描方式画图速度快,分辨率高,故主要用于高质量的图形显示器。其缺点是,它的扫描控制逻辑比较专用、复杂,产品生产批量不够大,价格较高。

CRT 显示器的优点是具有较高的亮度对比和色彩深度,同时具有在不改变图像清晰度的前提下可以改变分辨率的优势。其缺点是占用空间较大,耗电较多并产生较多的热量。

2) LCD 显示器

由于液晶的物理特性是当通电时导通,排列变的有秩序,使光线容易通过;不通电时排列混乱,阻止光线通过。LCD 显示屏正是利用这一特性制作,它用不同部分组成的分层结构。由两块玻璃板构成,厚约 1mm,其间被包含有 $5\mu m$ 液晶(LC)的材料均匀隔开。因为液晶材料本身并不发光,所以在显示屏两边都设有作为光源的灯管,而在液晶显示屏背面有一块背光板(或称匀光板)和反光膜,背光板是由荧光物质组成的可以发射光线,其作用主要是提供均匀的背景光源。背光板发出的光线在穿过第一层偏振过滤层之后进入包含成千上万水晶液滴的液晶层。液晶层中的水晶液滴都被包含在细小的单元格结构中,一个或多个单元格构成屏幕上的一个像素。在玻璃板与液晶材料之间是透明的电极,电极分为行和列,在行与列的交叉点上,通过改变电压而改变液晶的旋光状态,液晶材料的作用类似于一个个小的光阀。在液晶材料周边是控制电路部分和驱动电路部分。当 LCD 中的电极产生电场时,液晶分子就会产生扭曲,从而将穿越其中的光线进行有规则的折射,然后经过第二层过滤层的过滤在屏幕上显示出来。

液晶显示器的优点是尺寸小,重量轻,占用桌面的空间少,耗电少。其缺点是分辨率比较固定,当改变分辨率时,图像会变得模糊,提高刷新速度后图像的清晰度会变低,颜色质量也不如 CRT 显示器。

2. 打印机

打印机(Printer)是将计算机的处理结果打印在纸张上的输出设备,人们常把显示器的输出称为软拷贝,把打印机的输出称为硬拷贝。打印机是将计算机输出数据转换成印刷字体的设备。

打印机的发展经历了从击打式到非击打式,从黑白到彩色,从单功能到多功能的过程。应用最为普遍的产品形式主要有击打式、喷墨和激光三种。由于打印机的品牌众多,分类方法也不尽相同。目前,普遍使用的分类方法一是按原理分类;二是按用途分类。

1) 按原理分类

按照打印机的工作原理,将打印机分为击打式和非击打式两大类。

2) 按用途分类

按照打印机的用途分类,可将打印机分为通用、专用、家用、便携、网络等不同领域的产品。

下面主要介绍击打式(针式)、喷墨和激光三种类型打印机的工作原理。

1) 针式打印机的工作原理

针式打印机是利用机械和电路驱动原理,使打印针撞击色带和打印介质,进而打印出点阵,再由点阵组成字符或图形来完成打印任务。打印机工作时,通过接口接收 PC 发送的打印任务,打印字符或者图形,再通过打印机的 CPU 处理后,从字库中寻找与该字符或图形相对应的图像编码首列地址或末列地址,如此一列一列地找出编码并送往打印头驱动电路,激励针式打印头打印出需要的内容。

2)喷墨打印机的工作原理

喷墨打印机的核心部件是打印头,它是由成百上千个直径极其微小的墨水通道组成,这些通道的数量,也就是喷墨打印机的喷孔数量,直接决定了喷墨打印机的打印精度。每个通道内部都附着能产生振动或热量的执行单元。当打印头的控制电路接收到驱动信号后,即驱动这些执行单元产生振动,将通道内的墨水挤压喷出或产生高温,加热通道内的墨水,产生气泡,将墨水喷出喷孔,喷出的墨水到达打印纸,即可产生图形。目前喷墨打印机按打印头的工作方式可以分为压电喷墨打印机和热喷墨打印机两大类型。

3)激光打印机的工作原理

激光打印机的核心是电子成像技术,这种技术结合了影像学与电子学的原理和技术以生成图像,核心部件是一个可以感光的硒鼓。通过计算机发送过来的数据信号来控制着激光的发射,扫描硒鼓表面的光线不断变化,有的地方受到照射,电阻变小,电荷消失,有的地方没有光线射到,仍保留电荷,这样硒鼓表面就形成了由电荷组成的潜影。

墨粉是一种带电荷的细微塑料颗粒,其电荷与硒鼓表面的电荷极性相反,当带有电荷的硒鼓表面经过显影时,有电荷的部位就吸附了墨粉颗粒,潜影就变成了真正的影像。硒鼓转动的同时,另一组传动系统将打印纸送进来,经过一组电极,打印纸带上了与硒鼓表面极性相同但强得多的电荷,随后纸张经过带有墨粉的硒鼓,硒鼓表面的墨粉被吸引到打印纸上,图像就在纸张表面形成了。此时,墨粉和打印机仅仅是靠电荷的引力结合在一起,在打印纸被送出打印机之前,经过高温加热,塑料质的墨粉被熔化,在冷却过程中固着在纸张表面。图 2.10 为喷墨打印机和激光打印机。

(a)　　　　　　　　　　(b)

图 2.10　喷墨打印机和激光打印机

2.2.6　总线系统

总线是 CPU 与外围设备之间传输信息的一组公用信号线。如果每种设备都分别引入一组线路直接与 CPU 相连,将会导致系统线路杂乱无章。为简化硬件电路和系统结构,计算机中引入了一组可供多种设备共同使用的数据传输线路,这就是总线。总线有串行和并行之分,串行总线在不同的硬件设备之间一位一位地传输数据;而并行总线在不同的硬件设备之间能够同时传输多位数据。

总线的主要性能参数有总线带宽、总线位宽和总线工作时钟频率。总线带宽也称总线传输速率。用来描述总线传输数据的快慢。用总线上单位时间(每秒)可传送数据量的多少表示,常用单位为 MB/s。总线位宽越大,则每次通过总线传送的数据越多,总线带宽也越大。总线工作时钟频率简称为总线时钟,用以描述总线工作速度快慢,用总线上单位时间(每秒)可传送数据的次数表示,总线时钟常用单位为 MHz。总线时钟频率越高,单位时间通过总线传送数据的次数越多,总线带宽也就越大。

按照传输信号的不同,总线有数据总线、地址总线和控制总线之分,另外还需电源和接地线。如图 2.11 所示描述了数据总线和地址总线在计算机各个硬件部分之间的作用,此外控制总线管理数据总线和地址总线并在硬件设备之间传输相应的控制信号。

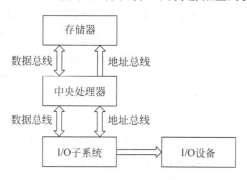

图 2.11 地址总线和数据总线

总线在计算机系统中按层次划分,通常分为 4 层,每个层次总线的工作频率不同,能够兼容响应速度不同的各种设备。

(1) 片内总线是 CPU 内部各功能单元的连线。

(2) 片总线是计算机主板上以 CPU 为核心与各部件间的直接连线。

(3) 系统总线是主板上适配卡与适配卡之间的连接总线。

(4) 外部总线是计算机与计算机之间通信的数据线。

衡量一种总线的性能主要有 3 个方面:

(1) 总线时钟频率即总线的工作频率,它是影响总线传输速率的重要因素之一。

(2) 总线宽度即数据总线的位数,如总线宽度有 8 位、16 位、32 位和 64 位等。

(3) 总线传输速率即总线每秒传输的最大字节数,其度量单位用 MB/s 表示。总线传输速率＝总线时钟频率×总线宽度/8。

由于不同的计算机系统采用的芯片组不同,片内总线和在主板上的片总线是不完全兼容的。而系统总线则不同,它与输入输出扩展槽相连接,扩展槽中的各种适配卡与外部设备连接,因此要求系统必须有统一的标准,依照这个标准设计各种适配卡。目前主要有三种类型的系统总线。

(1) 工业标准体系结构(Industry Standard Architecture, ISA),它是 IBM 公司开发的用于个人计算机的总线标准。数据总线宽度主要是 8 位和 16 位,对于当前的计算机应用速度太慢,已被目前的个人计算机系统淘汰。

(2) 外围部件互连(Peripheral Component Interconnect, PCI),早期是为了满足图像用户接口的视频要求设计的。它是一个高速度 32 位或 64 位总线。PCI 总线已代替 ISA 总线,用于连接 CPU、内存和适配卡。

(3) 加速图形接口(Accelerate Graphical Port, AGP),它是一种新的总线类型,比 PCI 总线快两倍以上,专门用于加速图像显示。AGP 和 PCI 本质上的区别在于 AGP 是一个"端口"，只能接一个终端而这个终端又必须是图形加速卡。PCI 则是一条总线，它可以连接许多不同种类的终端，可以是显卡，也可以是网卡和声卡等。所有这些不同的终端都必须共享这条 PCI 总线和它的带宽，而 AGP 是图形加速卡直接通向芯片组的专线，也可通向 CPU、系统内存或者 PCI 总线。

2.2.7　端口和连接电缆

前面介绍了接口电路(接口)的功能，那么端口(Port)则是系统单元和外部设备的连接插槽，也是接口中的寄存器。如图 2.12 所示。根据需要一个接口可以有多个端口，每一个端口都有地址，方便主机寻址。有些端口专门用于连接特定的设备，如键盘和鼠标端口，而多数端口则具有通用性，可连接各种外设，如 USB 接口。连接电缆是端口与输入输出设备之间的连接线。常用的端口主要有如下几种。

1. 串行口

串行口以比特流的方式传输数据，即一位一位地传输，仅用一条信号线。由于通信的线路少，因而在远距离通信时可以极大地降低成本。按电气标准及协议分为 RS-232-C、RS-422、RS485、USB 等。PC 上通常有两个 RS232 串行异步通信接口(COM1 和 COM2)。早期主要用于连接鼠标、键盘、调制解调器等传输速度较低的设备。目前用于连接一些嵌入式终端设备，查看终端设备的输出信息，以判断设备运行情况。

串行通信的基本方式有异步方式和同步方式。二者的主要区别体现在时钟要求、控制信息和校验方式的不同。

1) 时钟要求

同步通信时发送端和接收端时钟频率必须精确相等；而异步通信时发送端和接收端的时钟频率基本相当即可。

2) 控制信息

同步通信要求对整个数据块附加帧信息，用于高速数据链路；而异步通信要求对每个数据字符附加帧信息，用于低速设备。

3) 校验方式

同步通信采用 16 位循环冗余校验码，可靠性高；而异步通信采用 1 位奇偶校验码，可靠性相对较低。

2. 并行口

主要用于连接需要在短距离内高速传输信息的外部设备，以字节为单位同时进行传输，并行口采用的是 25 针 D 形接头，常用于连接并口打印机。

目前主要有三种类型的并口，即 Normal、增强并行口和扩展并行口。Normal 是一种低速的并口模式，适合输出结果到打印机。增强并行口(Enhanced-Parallel Port，EPP)，目的是在外部设备之间进行双向通信。1991 年开始笔记本电脑率先配备有 EPP 口。扩展并行口(Extended-Capabilities Port，ECP)，它具有 EPP 一样高的速率和双向通信能力，但在多任务环境下，它能使用直接存储器访问(Direct Memory Access，DMA)方式，所需缓冲区也不大。

3. 加速图形接口(AGP)

AGP 是一种加速图形接口，用于连接显示器，支持高速图像和视频传输，它在 CPU 和系统内存之间提供了一条直达通道。

4. 通用串行总线接口（Universal Serial Bus，USB）

USB 是近几年发展起来的新型接口标准，主要应用于高速数据传输领域，支持热插拔，有即插即用的优点。目前 USB 接口已经成为大多数外部设备连接计算机的接口方式。USB 有三个规范，即 USB 1.1、USB 2.0 和 USB 3.0。USB 1.1 的传输速率为 12Mbps，USB 2.0 规范由 USB 1.1 规范演变而来，传输速率达到 480Mbps，以满足大多数外设的速率要求。USB 3.0 规范提供了十倍于 USB 2.0 的传输速度和更高的节能效率，可广泛用于 PC 外围设备和消费类电子产品。

5. "火线"口

火线口又称为 IEEE 1394 总线，是由 Apple 和 Sony 公司率先应用的一种高效串行接口，用于高速打印机和数码设备连接到计算机，最高速率可达 400Mbps，在笔记本电脑上应用较多。

6. 音频接口

声音适配器(声卡)具有音频输入输出接口、话筒输入接口(MIC)和 MIDI/游戏手柄接口，有些还包括数字输出接口等，如图 2.12 所示。

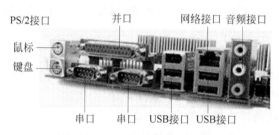

图 2.12　计算机连接外围设备的端口

2.3　计算机的基本工作原理

计算机是按照事先编写的程序执行的，程序是指令的集合，按照一定的逻辑结构安排指令顺序，按照这个顺序执行指令即解决某个具体的应用任务或某种具体操作。指令和数据不分区别地以二进制代码形式放在内存中，CPU 能够识别哪些是指令，哪些是数据，指令被送往控制器进行译码分析，产生相应的命令去控制计算机的各个部件；数据被送往运算器参加各种操作。一个指令执行完，CPU 会自动取下一条指令，如此循环下去。

2.3.1　指令和指令系统

1. 指令

指令是能够被计算机识别并执行的二进制代码，由两部分组成，即操作码和地址码。操作码字段指明该指令要完成的操作类型与功能；地址码字段指明该指令操作数的地址，即参加运算的数据应从存储器的哪个单元取，运算结果应放在哪个单元。

一条指令必须包含下列信息：

1) 操作码

它具体说明了操作的性质及功能。一台计算机可能有几十条至几百条指令，每一条指令都有一个相应的操作码，计算机通过识别该操作码来完成不同的操作。

2）操作数的地址

CPU 通过该地址就可以取得所需的操作数。

3）操作结果的存储地址

把对操作数的处理所产生的结果保存在该地址中，以便再次使用。

4）下条指令的地址

执行程序时，大多数指令按顺序依次从主存中取出执行，只有在遇到转移指令时，程序的执行顺序才会改变。为了压缩指令的长度，可以用一个程序计数器（Program Counter，PC）存放指令地址。每执行一条指令，PC 的指令地址就自动加 1（设该指令只占一个主存单元），指出将要执行的下一条指令的地址。当遇到执行转移指令时，则用转移地址修改 PC 的内容。由于使用了 PC，指令中就不必明显地给出下一条将要执行指令的地址。

常见指令按功能可划分为：

（1）数据处理指令，包括算术运算指令、逻辑运算指令、移位指令、比较指令等。

（2）数据传送指令，包括寄存器之间、寄存器与主存储器之间的传送指令等。

（3）程序控制指令，包括条件转移指令、无条件转移指令、转子程序指令等。

（4）输入输出指令，包括各种外围设备的读、写指令等。有的计算机将输入输出指令包含在数据传送指令类中。

（5）状态管理指令，包括诸如实现存储保护、中断处理等功能的管理指令。

不同的指令在计算机中执行的过程不同，所需要的执行步骤也不同，因此指令的执行时间也不同。一个简单加法指令的执行过程如下：

（1）CPU 从存放这条加法指令的内存中取指令的操作码 10000000；

（2）CPU 内部对操作码进行译码，产生该操作码需要的一系列控制信号；

（3）根据译码信号，到下一个单元取第一操作数 Number1，并暂存在 CPU 寄存器中；

（4）取第二操作数 Number2；

（5）CPU 内部操作，ALU 进行加运算；

（6）将结果存放到第一操作数所在的单元中；

（7）到 Number2 后一个存储单元取下一条指令的操作码。

这个例子只是指令系统中的一个加法操作，从这里我们可以看到 CPU 如何根据指令的要求完成相应的操作过程，因此作为机器语言的指令系统的复杂程度决定了程序设计的难易。不管使用何种计算机语言编写程序，最终在计算机中被执行的程序都是机器语言程序。

2. 指令系统

指令系统是指一台计算机所有指令的集合，不同类型的计算机，指令系统所包含的指令条数和格式会有所不同。这不仅影响了机器的硬件结构，也影响到系统软件。对于指令系统不兼容的计算机而言，在这台计算机上可以执行的程序，却无法在另一台计算机上运行。

指令字长度是指一个指令字中包含的二进制代码位数。而机器字长是指计算机能直接处理的二进制数据的位数，它决定了计算机的运算精度。根据设计要求，可以有单字长指令、半字长指令和双字长指令。

根据指令内容确定操作数地址的过程称为寻址。完善的寻址方式可为用户组织和使用数据提供方便。具有不同指令系统的计算机，其寻址方式也各不相同，一般具有下列寻址方式。

1) 直接寻址

指令地址域中表示的是操作数地址。采用直接寻址方式时,指令字中的形式地址 D 就是操作数的有效地址 E,即 E＝D。因此通常把形式地址 D 又称为直接地址。

2) 间接寻址

指令地址域中表示的是操作数地址的地址,即指令地址码对应的存储单元所给出的是地址 D,操作数据存放在地址 D 指示的主存单元内。需要访问两次主存。有的计算机的指令可以多次间接寻址,如 D 指示的主存单元内存放的是另一地址 C,而操作数据存放在 C 指示的主存单元内,称为多重间接寻址。

3) 立即寻址

指令的地址字段指出的不是操作数的地址,而是操作数本身。这种方式的特点是指令执行时间很短,不需要访问内存取数。

4) 基址寻址

基址寻址方式是将 CPU 中基址寄存器的内容加上指令格式中的形式地址而形成操作数的有效地址。它的优点是可以扩大寻址能力。将基址寄存器的位数设置得长一些,从而可以在较大的存储空间中寻址。

5) 变址寻址

变址寻址方式与基址寻址方式计算有效地址的方法相似,它把 CPU 中某个变址寄存器的内容与偏移量 D 相加来形成操作数有效地址。但使用变址寻址方式的目的不在于扩大寻址空间,而在于实现程序块的规律性变化。许多计算机具有双变址功能,即将两个变址寄存器内容与位移值相加,得到操作数地址。变址寻址有利于数组操作和程序共享。同时,位移值长度可短于地址长度,因而指令长度可以缩短。

6) 相对寻址

相对寻址是把程序计数器的内容加上指令格式中的形式地址 D 而形成操作数的有效地址。采用相对寻址方式的好处是程序员无须用指令的绝对地址编程,所编程序可以放在内存任何地方。当程序在主存储器浮动时,相对寻址能保持程序原有功能。

此外,还有自增寻址、自减寻址、块寻址、段寻址、组合寻址等寻址方式。寻址方式可由操作码确定,也可在地址域中设标志,指明寻址方式。奔腾(Pentium)机器的寻址方式如表 2.3 所示。

表 2.3 Pentium 机器的寻址方式

序号	寻址方式名称	有效地址 E 的计算	说　　明
1	立即		操作数在指令中
2	寄存器		操作数在某寄存器中,指令给出寄存器号
3	直接	E＝Disp	Disp 为偏移量
4	基址	E＝(B)	B 为基址寄存器
5	基址＋偏移量	E＝(B)＋Disp	
6	变址＋偏移量	E＝(I) * S＋Disp	I 为变址寄存器,S 为比例因子
7	基址＋变址＋偏移	E＝(B)＋(I)＋Disp	
8	基址＋比例变址＋偏移量	E＝(B)＋(I) * S＋Disp	
9	相对	指令地址＝(PC)＋Disp	PC 为程序计数器或当前指令指针寄存器

指令集是中央处理器能够执行不同操作的所有指令。根据指令集中指令的数目和复杂度,可以将指令集分为复杂指令集和精简指令集。

1) 复杂指令集

复杂指令集包括的指令多,每条指令执行的功能较为复杂,大部分都是基于存储器访问的指令。复杂指令集中的指令格式通常是可变长度的,并且指令长度也不限于 32 位。指令的执行需要花费更多的时间,因而访问内存要比访问寄存器的时间更长。

使用复杂指令集的计算机称为复杂指令集计算机(Complex Instruction Set Computing, CISC),通常我们使用的台式计算机都是复杂指令集计算机。由于指令的复杂,使得 CPU 的设计更为复杂。其优点是完成相同功能所用的指令少,占用的存储空间少,编译过程更容易。其缺点是在新设计的处理器中继承旧的指令集增加了设计的复杂性,设计周期长,并且许多指令不经常使用,有的指令的执行需要 CPU 找到对应的微代码指令,使得 CPU 执行时间更长。

2) 精简指令集

精简指令集中包含的指令条数较少,大部分指令是基于寄存器访问的指令,基于存储器访问的指令只有装载和存储指令,指令执行的功能简单,指令格式长度固定。

使用精简指令集的计算机称为精简指令集计算机(Reduced Instruction Set Computing, RISC),一般嵌入式处理器的指令系统都是精简指令集。其优点是精简指令集计算机中的指令通过译码分析执行,而 CISC 是由处理器执行,它需要把复杂指令转换成对应的微代码,这种转换过程需要访问存储微代码的存储器,因而降低了执行速度。RISC 中的指令执行是单一时钟周期的,而 CISC 中的指令需要多个时钟周期。其唯一的缺点是执行某一操作相对来说需要更多的指令。

2.3.2　计算机基本工作原理

计算机在运行时,先从内存中取出第一条指令,通过控制器的译码分析,并按指令要求从存储器中取出数据进行指定的运算或逻辑操作,然后再按地址把结果送到内存中。接着按照程序的逻辑结构有序地取出第二条指令,在控制器的控制下完成规定操作。依此进行下去,直至遇到停止指令。计算机工作的过程就是不断地循环往复执行指令的过程。

在基于冯·诺依曼结构的计算机中,程序与数据不分区别地以二进制形式存储,按程序编排的顺序,一步一步地取出指令,自动地完成指令规定的操作是计算机最基本的工作原理。图 2.13 是数据和控制信号在计算机硬件间的流动过程。

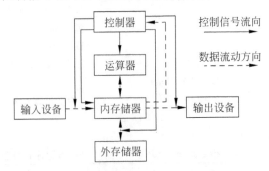

图 2.13　数据和控制信号在计算机硬件间的流向

6. 存储器系统的分类如何？

7. 什么是总线？计算机中总线的层次是什么样的？

8. 什么是端口？计算机中常用的端口有哪些？

9. 什么是指令？什么是指令系统？

10. 试述计算机的基本工作原理。

第 3 章

计算机软件

本章学习目标

- 掌握计算机软件的概念和软件的分类；
- 掌握计算机操作系统的基本概念；
- 掌握程序设计基础；
- 掌握软件工程基础知识。

3.1 计算机软件概述

3.1.1 软件的概念

计算机系统中的程序及其文档总称为软件。程序是指对计算任务的处理对象和处理规则的描述,是能够让计算机硬件工作并有效地执行各种操作的指令。程序设计的过程称为编程,其最终结果是各种类型的软件,计算机中的软件是人与计算机硬件之间最基本的接口。文档是为了便于了解程序内容所进行的阐明性资料。程序通常被存储在外存(如硬盘)中,而执行时被装入主存储器中。文档则是以纸质材料的形式给人看的,也可以通过文件的形式存入计算机的外存储器或其他的电子存储器中,长期保存供以后使用。

3.1.2 软件的发展过程

软件的发展受到应用和硬件发展的推动和制约,其发展过程大致可分为以下三个阶段。

1. 软件发展早期

在 20 世纪 50～60 年代,计算机软件发展处于初级阶段,当时计算机的应用主要是科学与工程计算,处理对象是数值型数据。这一时期程序员重点考虑的是程序本身,用计算机可以直接执行的二进制代码设计程序,尚未出现软件一词。1956 年在 J. Backus 领导下为 IBM 机器研制出第一个实用的高级程序设计语言 Fortran 及其翻译程序。此后,相继又有多种高级语言问世,从而提高了设计和编制程序的效率。这个时期成功地解决了两个问题:一是以 Fortran 及 Algol60 为基础设计出了具有高级数据结构和控制结构的高级程序语言;二是发明了将高级语言程序翻译成机器语言程序的自动转换技术,即编译技术。随着程序规模迅速增大、复杂性迅速提高,软件研制周期的难以控制,正确性难以保证,可靠性问题相当突出。为此,人们提出新的方法解决这一危机,促使软件技术发展进入一个新的阶段。

2. 结构化程序和面向对象技术发展时期

20世纪60年代中期,大容量、高速度计算机的出现,使计算机的应用范围迅速扩大,软件开发急剧增长。软件系统的规模越来越大,复杂程度越来越高,软件可靠性问题也越来越突出。原来的个人设计、个人使用的方式已不能满足要求,迫切需要改变软件生产方式,提高软件生产率,软件危机开始爆发。1968年北大西洋公约组织计算机专家第一次讨论软件危机问题,并正式提出"软件工程"一词,从此一门新兴的工程学科,即"软件工程"学应运而生。这一时期,提出了新的程序设计方法。

结构化程序设计(Structured Programming)是以模块功能和处理过程设计为主的详细设计的基本原则。其概念最早由E. W. Dijikstra在1965年提出,它是软件发展的一个重要里程碑,主要观点是采用"自顶向下、逐步求精"的程序设计方法,使用三种基本控制结构构造程序,任何程序都可由顺序、选择、循环三种基本控制结构进行设计。

1967年挪威计算中心的Kisten Nygaard和Ole Johan Dahl开发了Simula 67语言,它提供了比子程序更高一级的抽象和封装,引入了数据抽象和类的概念,被认为是第一个面向对象语言。20世纪70年代初,Palo Alto研究中心的Alan Kay所在的研究小组开发出Smalltalk语言,之后又开发出Smalltalk-80,Smalltalk-80被认为是最纯正的面向对象语言,它对后来出现的面向对象语言,如Object-C,C++等都产生了深远的影响。随着面向对象语言的出现,面向对象程序设计也就应运而生且得到迅速发展。

3. 软件工程技术发展新时期

自从软件工程名词诞生,历经多年发展,工程技术人员的软件开发必须按照工程化的原理和方法来组织和实施。进入20世纪90年代,Internet和WWW技术的蓬勃发展使软件工程进入一个新的技术发展时期。以软件组件复用为代表,基于组件的软件工程技术使软件开发方式发生巨大改变,使得软件危机中出现的一些严重问题得以解决。

(1)基于组件的软件工程和开发方法成为主流。组件是自包含的,具有相对独立的功能特性和具体实现,并为应用提供预先定义好的服务接口。组件化软件工程是通过使用可复用组件来开发、运行和维护软件系统的方法、技术和过程。

(2)软件过程管理进入软件工程的核心进程和操作规范。软件工程管理应以软件过程管理为中心去实施,贯穿于软件开发过程的始终。在软件过程管理得到保证的前提下,软件开发进度和产品质量也就随之得到保证。

(3)网络应用软件规模愈来愈大,复杂性愈来愈高,使得软件体系结构从两层向三层或者多层结构转移,使应用的基础架构和业务逻辑相分离。应用的基础架构由提供各种中间件系统服务组合而成的软件平台来支持,软件平台化成为软件工程技术发展的新趋势。软件平台为各种应用软件提供一体化的开放平台,既可保证应用软件所要求基础系统架构的可靠性、可伸缩性和安全性的要求;又可使应用软件开发人员和用户只要集中关注应用软件的具体业务逻辑实现,而不必关注其底层的技术细节。当应用需求发生变化时,只要变更软件平台之上的业务逻辑和相应的组件实施就可满足应用需求。

3.1.3 软件的分类

硬件是软件运行的基础,软件是对硬件功能的扩充和完善,软件的运行最终被转换为对硬件的操作。计算机软件系统主要分为系统软件和应用软件。

1. 系统软件

系统软件居于计算机系统中最靠近硬件的一层,是指控制和协调计算机及外部设备,支持应用软件开发和运行的各种程序的集合。系统软件使得计算机使用者和其他软件将计算机当作一个整体而不需要关心底层每个硬件是如何工作的。系统软件主要分为系统管理程序和系统开发程序。

1) 系统管理程序

系统管理程序主要功能是调度、监控和维护计算机系统;负责管理计算机系统中各种独立的硬件,使得它们可以协调工作,包括操作系统、实用程序和设备驱动程序。操作系统是管理所有计算机软硬件资源的系统软件;实用程序是一些小的程序,它配合操作系统完成一些辅助的功能,如查找与替换、磁盘诊断、计算机病毒扫描、数据备份和恢复等;设备驱动程序完成 CPU 与 I/O 设备之间的通信,不同的硬件设备都有相应的设备驱动程序与之对应,它屏蔽了硬件的具体操作过程,为操作系统提供了统一的接口,便于用户应用程序的开发。

2) 系统开发程序

系统开发程序主要是用户使用不同的程序设计语言开发和执行各种软件。设计和执行程序的过程包括:

(1) 调试程序;

(2) 连接不同的变量和二进制的库文件;

(3) 把代码从一种形式翻译成另外一种形式;

(4) 执行代码测试功能实现。

为了实现上述任务,通常需要以下一些开发工具:

(1) 编辑器

编辑器是计算机系统中允许用户录入文本信息的专用软件。在编辑器中录入的信息能够以文件的形式存储起来,在编辑文本时,用户能够进行不同的操作,如复制、剪切和粘贴等。根据编辑的内容不同,编辑器主要分为文本编辑器(如常用的记事本)、数字声音编辑器、图像编辑器、HTML(超文本标记语言)编辑器和源代码编辑器等。

(2) 程序翻译器

程序翻译器的功能是把用一种语言编写的计算机语言转换成另外一种计算机语言,通常是把高级程序设计语言转化成低级程序设计语言,便于计算机执行。用高级程序设计语言编写的程序称为源代码,而被转换之后的语言称为目标代码。程序翻译器主要有编译器、解释器和汇编器三种。编译器把高级语言程序转化成低级语言程序(机器代码);汇编器则把汇编语言程序转换为机器语言;解释器的工作过程不同于编译器和汇编器,解释器通常逐行处理用高级语言编写的源程序,而编译器是逐词进行处理。程序翻译器的工作过程如图 3.1 所示。

(3) 连接器

开发者在开发一个用高级程序语言编写的大型软件时,为了合理地组织这个程序结构,编写的源代码要放在不同的文件中。连接器的工作过程如图 3.2 所示。

经过编译之后会形成与源代码文件对应的目标文件,这些独立的目标文件还不能在计算机中运行,连接器的功能就是把这些目标文件按照规则整合起来并调用软件开发中用到

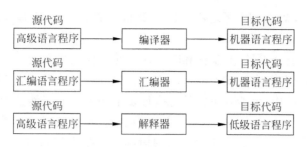

图 3.1　程序翻译器的工作过程

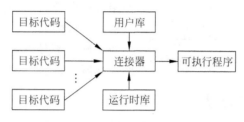

图 3.2　连接器的工作过程

的函数库,最终形成一个完整的可以在计算机中运行的程序。

(4) 调试器

开发人员编写的程序往往不是完全正确的,在排除了简单的语法错误之后,可能还存在逻辑上的错误,调试器就是用来检测程序中存在的漏洞和逻辑错误的。调试器能够定位程序代码的错误位置,可以在事先设置好的断点处停止运行程序,从而检查程序运行到当前位置出现的各种情况。调试过程可以单步运行程序、回退跟踪检查运行点之前的状态、直接运行到设置好的断点处。

调试器主要分为机器语言调试器和符号(源码级)语言调试器。机器语言调试器可以调试程序的目标代码并能显示检测到的错误所在的位置;而符号语言调试器能够调试源代码或者汇编程序,也能显示错误的位置。符号语言调试器更方便调试并能提高效率,而源码级调试器更能精准地找到错误位置。

2. 应用软件

应用软件是用户可以使用的各种程序设计语言以及用各种程序设计语言编制的应用程序的集合,分为应用软件库和用户程序。应用软件库是利用计算机解决某类问题而设计的程序的集合,供多用户使用。应用软件是为特定应用领域设计的专用软件。应用软件包括办公软件、多媒体软件、分析软件、商务软件和游戏软件等。将在第 7 章详细介绍计算机常用的应用软件。

3.2　操 作 系 统

3.2.1　操作系统的概念

操作系统是建立在计算机硬件(裸机)上的第一层软件系统,它能够合理分配、管理、调度计算机的各类资源,包括硬件和软件资源,是为应用软件提供支持的系统软件,为用户提供了友好的人机界面,用户无须了解计算机内部的工作原理,就能方便地使用计算机。

操作系统的特征有并发性、共享性和随机性。并发性是指在同一个时间段内同时执行多个任务,即允许多个任务在宏观上并行,微观上仍是串行的(对于单 CPU 而言)。只有在多处理器的计算机系统中,才能真正的并行执行多个任务。共享性是指多个并发执行的程序共同使用系统资源。一个程序执行时在某一段时间并不是占用所有的系统资源,只是其中的一个部分,这样并发执行的程序可以互斥地使用系统资源,以达到资源的共享。随机性是指程序运行的顺序、完成所需的时间都是不确定的。操作系统在整个软件系统中的位置如图 3.3 所示。

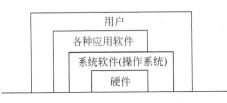

图 3.3　操作系统在计算机体系结构中的位置

3.2.2　操作系统的功能

可以从不同的角度(观点)来观察操作系统的功能。从一般用户的观点,可以把操作系统看做是用户和计算机硬件系统之间的接口;从资源管理的角度可以把操作系统视为计算机系统资源的管理者。操作系统实现了对计算机资源的抽象,隐藏了硬件操作的细节,使用户能够更方便地使用机器。

1. 管理各种软硬件资源

在一个计算机系统中通常包含各种各样的硬件资源和软件资源。为了硬件资源充分发挥作用,必须允许多用户或者单用户以多任务方式同时使用计算机,以便让不同的资源由不同的任务同时使用以减少系统的空闲时间。现代计算机都配有大容量的辅助存储器,通常是大容量磁盘,其中存储了大量信息,这些信息以文件的形式存在,构成了计算机系统的主要软件资源。

针对不同资源的特点,资源管理包含两种不同的共享使用方法,分别是时分和空分。时分是指由多个用户分时地使用该资源。除了处理机以外,还有其他资源,如外设控制器、网卡等,这些控制部件包含了控制输入输出的控制逻辑,必须分时地使用。空分是针对存储资源而言的,存储资源的空间可以被多个用户进程共同以分割的方式使用。

计算机系统中的各种资源可以分为 4 大类,分别是处理器、存储器、设备和数据文件资源,相应操作系统的资源管理功能,主要也分为 4 大部分,分别是处理机管理、存储器管理、设备管理和文件管理,下面分别加以介绍。

1) 处理机管理(进程管理)

处理机管理也叫进程管理,通过进程管理可以协调多道程序之间的关系,对处理机实施分配调度策略、进行分配和回收等。

在多道程序环境下,程序的执行属于并发执行,此时它们将失去其封闭性,并具有间断性及不可再现性的特征。这决定了通常的程序是不能参与并发执行的,因为程序执行的结果是不可再现的。这样,程序的运行也就失去了意义。为使程序能并发执行,且为了对并发执行的程序加以描述和控制,人们引入了"进程"的概念。

进程的定义有很多,其中比较典型的定义有:

（1）进程是程序的一次执行。

（2）进程是一个程序及其数据在处理机上顺序执行时所发生的活动。

（3）进程是程序在一个数据集合上运行的过程，它是系统进行资源分配和调度的一个独立单位。

由上述定义可见，进程不同于程序，是动态的，涉及资源的分配和数据的处理。进程具有动态性、并发性、独立性和异步性特征。

进程执行时的间断性决定了进程可能具有多种状态。进程主要有三种状态。

（1）就绪状态

当进程已分配到除 CPU 以外的所有必要资源后，只要再获得 CPU，便可立即执行，进程这时的状态称为就绪状态。在一个系统中处于就绪状态的进程可能有多个，通常将它们排成一个队列，称为就绪队列。

（2）执行状态

进程已获得 CPU，其程序正在执行，进程这时的状态称为执行状态。在单处理机系统中，只有一个进程处于执行状态；在多处理机系统中，则有多个进程处于执行状态。

（3）阻塞状态

正在执行的进程由于发生某事件而暂时无法继续执行时，便放弃处理机而处于暂停状态，即进程的执行受到阻塞，把这种暂停状态称为阻塞状态，有时也称为等待状态或封锁状态。致使进程阻塞的典型事件有请求 I/O 和申请缓冲空间等。通常将这种处于阻塞状态的进程也排成一个队列。有的系统则根据阻塞原因的不同而把处于阻塞状态的进程排成多个队列。

不少系统中的进程只有上述三种状态，但在另一些系统中，又增加了一些新状态，最重要的是挂起状态（又称为静止状态）。在引入挂起状态后，又将增加从挂起状态到非挂起状态（又称为活动状态）的转换；从非挂起状态到挂起状态的转换。各个状态之间的转换关系如图 3.4 所示。

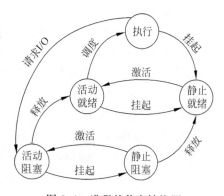

图 3.4　进程的状态转换图

由于多道程序系统中同时运行多个进程，所以上述处于就绪状态的进程可能有多个，从多个就绪进程中选择一个运行进程称为进程调度。常用的进程调度算法有：先来先服务算法，短进程优先算法，基于优先级的算法等，不同的算法体现了不同的特性，适用于不同的场合。

2）存储管理

计算机系统中的程序，需要装入内存后才能运行。在并发的情况下，系统中可能同时存在多个程序（进程），为防止多个并发进程之间的相互干扰，需要由操作系统对内存进行统一管理。内存管理主要包括内存分配、地址映射、内存保护和内存扩充。

（1）内存分配

内存分配的主要任务是为每道程序分配内存空间，使它们"各得其所"；提高存储器的利用率，以减少不用的内存空间；允许正在运行的程序申请附加的内存空间，以适应程序和数据动态增长的需要。

操作系统在实现内存分配时,可采取静态和动态两种方式。在静态分配方式中,每个作业的内存空间是在作业装入时确定的;在作业装入后的整个运行期间,不允许该作业再申请新的内存空间,也不允许作业在内存中"移动"。在动态分配方式中,每个作业所要求的基本内存空间也是在装入时确定的,但允许作业在运行过程中继续申请新的附加内存空间,以适应程序和数据的动态增长,也允许作业在内存中"移动"。

为了实现内存分配,在内存分配的机制中应具有内存分配数据结构,该结构用于记录内存空间的使用情况,作为内存分配的依据;内存分配功能是按照一定的内存分配算法为用户程序分配内存空间;内存回收功能则是对于用户不再需要的内存,通过用户的释放请求去完成系统的回收。

(2) 内存保护

内存保护的主要任务是确保每道用户程序都只在自己的内存空间内运行,彼此互不干扰;绝不允许用户程序访问操作系统的程序和数据;也不允许用户程序转移到非共享的其他用户程序中去执行。

为了确保每道程序都只在自己的内存区中运行,必须设置内存保护机制。一种比较简单的内存保护机制是设置两个界限寄存器,分别用于存放正在执行程序的上界和下界。系统须对每条指令所要访问的地址进行检查,如果发生越界,便发出越界中断请求,以停止该程序的执行。如果这种检查完全用软件实现,则每执行一条指令,便须增加若干条指令去进行越界检查,这将明显降低程序的运行速度。因此,越界检查都由硬件实现。当然,对发生越界后的处理,还须与软件配合来完成。

(3) 地址映射

一个应用程序(源程序)经编译后,通常会形成若干个目标程序,这些目标程序再经过链接便形成了可装入程序。这些程序的地址都是从"0"开始的,程序中的其他地址都是相对于起始地址进行计算的。由这些地址所形成的地址范围称为"地址空间",其中的地址称为"逻辑地址"或"相对地址"。而由内存中的一系列单元所限定的地址范围则称为"内存空间",其中的地址称为"物理地址"。

在多道程序环境下,每道程序不可能都从"0"地址开始装入内存,这就使地址空间内的逻辑地址和内存空间中的物理地址不一致。为使程序能够正确运行,存储器管理必须提供地址映射功能,以将地址空间中的逻辑地址转换为内存空间中与之对应的物理地址。该功能应在硬件的支持下完成。

(4) 内存扩充

存储器管理中的内存扩充任务并非是去扩大物理内存的容量,而是借助于虚拟存储技术,从逻辑上去扩充内存容量,使用户所感觉到的内存容量比实际内存容量大得多,以便让更多的用户程序并发运行。这样,既满足了用户的需要,又改善了系统的性能。逻辑上的内存扩充只需增加少量的硬件。为了能在逻辑上扩充内存,系统必须具有内存扩充机制,用于实现下述各功能。

• 请求调入功能

允许在装入一部分用户程序和数据的情况下,便能启动该程序运行。在程序运行过程中,若发现要继续运行时所需的程序和数据尚未装入内存,可向操作系统发出请求,由操作系统从磁盘中将所需部分调入内存，以便继续运行。

- 置换功能

若发现在内存中已无足够的空间来装入需要调入的程序和数据时，系统应能将内存中的一部分暂时不用的程序和数据换出，以腾出内存空间，然后再将所需调入的部分装入内存。

3）设备管理

设备管理即对计算机硬件设备进行管理。计算机系统可能安装有多种外部设备，每一种设备可能有多种品牌和类型，由用户自己进行管理通常是不可能的。操作系统提供了对设备的统一管理模式，简化了设备管理的复杂性，减轻了用户负担。设备管理主要包括缓冲管理、设备分配、设备处理。

（1）缓冲管理

CPU 运行的高速性和 I/O 低速性之间的矛盾自计算机诞生起便已存在了。而随着CPU 速度迅速提高，此矛盾更为突出，严重降低了 CPU 的利用率。如果在 I/O 设备和CPU 之间引入缓冲，则可有效地缓和 CPU 与 I/O 设备速度不匹配的矛盾，提高 CPU 的利用率，进而提高系统吞吐量。因此，在现代计算机系统中，都无一例外地在内存中设置了缓冲区，而且还可通过增加缓冲区容量的方法来改善系统的性能。

（2）设备分配

设备分配的基本任务是根据用户进程的 I/O 请求、系统的现有资源情况以及按照某种设备的分配策略，为之分配其所需的设备。如果在 I/O 设备和 CPU 之间还存在着设备控制器和 I/O 通道，还须为分配出去的设备分配相应的控制器和通道。

为了实现设备分配，系统中应设置设备控制表、控制器控制表等数据结构，用于记录设备及控制器的标识符和状态。根据这些表格可以了解指定设备当前是否可用，是否忙碌，以供进行设备分配时参考。在进行设备分配时，应针对不同的设备类型采用不同的设备分配方式。对于独占设备（临界资源）的分配，还应考虑到该设备被分配出去后系统是否安全。在设备使用完后，应立即由系统回收。设备管理的过程如图 3.5 所示。

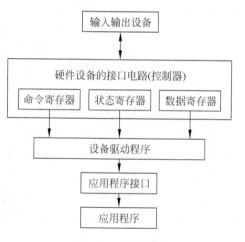

图 3.5　设备管理

（3）设备处理

设备处理程序又称为设备驱动程序。其基本任务是用于实现 CPU 和设备控制器之间的通信，即由 CPU 向设备控制器发出 I/O 命令，要求它完成指定的 I/O 操作；反之，由 CPU接收从控制器发来的中断请求，并给予迅速的响应和相应的处理。设备驱动程序的工作过程如图 3.6 所示。

设备处理程序首先检查 I/O 请求的合法性，了解设备状态是否空闲，了解有关的传递参数及设备的工作方式。然后，便向设备控制器发出 I/O 命令，启动 I/O 设备去完成指定的 I/O 操作。设备驱动程序还应能及时响应由控制器发来的中断请求，并根据该中断请求

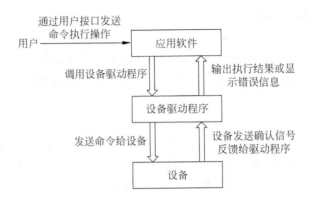

图 3.6　设备驱动程序工作过程

的类型,调用相应的中断处理程序进行处理。对于设置了通道的计算机系统,设备处理程序还应能根据用户的I/O请求,自动地构成通道程序。

4) 文件管理

在计算机管理中,将程序和数据以文件的形式存储在外存上,供所有的或指定的用户使用。为了使用户更方便地使用文件,也为了安全和高效地使用外存空间,在操作系统中提供了文件管理机构,文件管理机构的主要功能有:文件存储空间的管理、目录管理、文件的读/写管理以及文件的共享与保护等。下面先介绍文件和文件名的概念。

文件是指由创建者所定义的、具有文件名的一组相关元素的集合,可分为有结构文件和无结构文件两种。在有结构文件中,文件由若干个相关记录组成;而无结构文件则被看成是一个字符流。文件在文件系统中是一个最大的数据单位,它描述了一个对象集。

一个文件必须要有一个文件名,文件名通常是由一串 ASCII 码或(和)汉字构成的,名字的长度因系统不同而异。如在有的系统中把名字规定为 8 个字符,而在有的系统中又规定为 14 个字符。用户利用文件名来访问文件。此外,文件应具有自己的属性,属性可以包括:文件类型、文件长度、文件的物理位置和文件的建立时间。

文件除了通常的文件名外,一般还有一个扩展名。扩展名用来说明文件的类型,同时也给系统提供了处理文件需要的应用程序。一般文件的扩展名使用三位英文字母,用"."将文件名和文件的扩展名分隔开。一般文件的名称为"文件名.扩展名"。

通常,在现代计算机系统中都要存储大量的文件。为了能对这些文件实施有效的管理,必须对它们加以妥善组织,这主要通过文件目录实现。文件目录也是一种数据结构,用于标识系统中的文件及其物理地址,供检索时使用。目录结构有:单级目录结构、两级目录结构和多级目录结构。

(1) 文件存储空间的管理

为了方便用户的使用,对于一些当前需要使用的系统文件和用户文件,都必须放在可随机存取的磁盘上。在多用户环境下,若由用户自己对文件的存储进行管理,不仅非常困难,而且效率也很低。因而,需要由文件系统对诸多文件及文件的存储空间实施统一的管理。其主要任务是为每个文件分配必要的外存空间,提高外存的利用率,并能帮助提高文件系统的存取速度。

为此,系统应设置相应的数据结构,用于记录文件存储空间的使用情况,为分配存储空间作参考；系统还应具有对存储空间进行分配和回收的功能。为了提高存储空间的利用率，对存储空间的分配通常采用离散分配方式，以减少外存零头，并且，存储空间的分配是以盘块为基本分配单位。盘块的大小通常为 1~8 KB。

（2）目录管理

为了使用户能方便地在外存上找到自己所需的文件，通常由系统为每个文件建立一个目录项。目录项中包括文件名、文件属性、文件在磁盘上的物理位置等。由若干个目录项又可以构成一个目录文件。目录管理的主要任务首先是为每个文件建立其目录项，并对众多的目录项有效地组织，以方便地实现按名存取，即用户只须提供文件名便可对文件进行存取。其次，目录管理还应能实现文件共享，这样，只须在外存上保留一份该共享文件的副本。此外，还应能提供快速的目录查询手段，以提高文件检索的速度。操作系统对目录和文件的存储管理组织结构如图 3.7 所示。

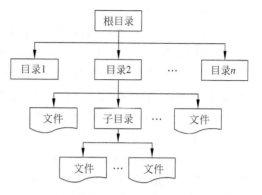

图 3.7　操作系统对目录和文件的存储管理组织结构图

（3）文件的读/写管理和保护

文件的读/写管理功能是根据用户的请求，从外存中读取数据，或将数据写入外存。在进行文件读/写时，系统先根据用户给出的文件名去检索文件目录，从中获得文件在外存中的位置。然后，利用文件读/写指针，对文件进行读/写。一旦读/写完成，便修改读/写指针，为下一次读/写做好准备。由于读和写操作不会同时进行，故可合用一个读/写指针。

文件保护是为了防止系统中的文件被非法窃取和破坏，在文件系统中必须提供有效的存取控制功能，以实现未经核准的用户存取文件、防止冒名顶替存取文件和防止以不正确的方式使用文件。

2. 提供良好的用户界面

为了方便用户使用操作系统，OS 又向用户提供了"用户与操作系统的接口"。该接口通常可分为两大类，分别是用户接口和程序接口。用户接口是提供给用户使用的接口；而程序接口是提供给程序员在编程时使用的接口。

1）用户接口

为了便于用户直接或间接地控制自己的作业，操作系统向用户提供了命令接口。用户可以通过该接口向作业发出命令以控制作业的运行。该接口又进一步分为联机用户接口和脱机用户接口。

（1）联机用户接口

这是为联机用户提供的，它由一组键盘操作命令及命令解释程序所组成。当用户在终端或控制台上每输入一条命令后，系统便立即转入命令解释程序，对该命令加以解释并执行该命令。

（2）脱机用户接口

该接口是为批处理作业用户提供的，故也称为批处理用户接口。该接口由一组作业控制语言（JCL）组成。批处理作业的用户不能直接与自己的作业进行交互，只能由系统代替用户对作业进行控制和干预。用户用 JCL 把需要对作业进行的控制和干预事先写在作业说明书上,然后将作业连同作业说明书一起提交给系统。当系统调度到该作业运行时,又调用命令解释程序,对作业说明书上的命令逐条地解释执行。如果作业在执行过程中出现异常现象,系统也将根据作业说明书上的指示进行干预。这样,作业一直在作业说明书的控制下运行,直至遇到作业结束语句时,系统才停止该作业的运行。

(3) 图形用户接口

用户虽然可以通过联机用户接口来取得 OS 的服务,但这时要求用户能熟记各种命令的名字和格式,并严格按照规定的格式输入命令,这既不方便又花时间。于是,另一种形式的联机用户接口,即图形用户接口便应运而生。图形用户接口采用了图形化的操作界面,用非常容易识别的各种图标(Icon)来将系统的各项功能、各种应用程序和文件直观、形象地表示出来。用户可以用鼠标或通过菜单和对话框来完成对应用程序和文件的操作。

2) 程序接口

该接口是为用户程序在执行中访问系统资源而设置的,是用户程序取得操作系统服务的唯一途径。它由一组系统调用组成,每一个系统调用都是一个能完成特定功能的子程序,每当应用程序要求 OS 提供某种服务功能时,便调用具有相应功能的系统调用。早期的系统调用都是用汇编语言提供的,只有在汇编语言书写的程序中才能直接使用系统调用;但在高级语言如 C 语言中,往往提供了与各系统调用相对应的库函数,这样,应用程序便可通过调用对应的库函数来使用系统调用。但在近些年所推出的操作系统中,如 UNIX、OS/2 版本中,其系统调用本身已经采用 C 语言编写,并以函数形式提供,故在用 C 语言编写的程序中可直接使用系统调用。

3.2.3　操作系统的分类

1. 批处理操作系统

为了充分利用计算机系统资源,应尽量让 CPU 连续运行以减少空闲时间。为此,通常把一批作业以脱机方式输入到系统中,并在系统中配上监督程序(Monitor),在它的控制下使这批作业能一个接一个地连续处理。

在单道批处理系统中,内存中仅有一道作业,它无法充分利用系统中的所有资源,致使系统性能较差。为了进一步提高资源的利用率和系统吞吐量,在 20 世纪 60 年代中期又引入了多道程序设计技术,由此形成了多道批处理系统(Multiprogrammed Batch Processing System)。在该系统中,用户所提交的作业都先存放在外存上并排成一个队列,称为“后备队列”;然后,由作业调度程序按一定的算法从后备队列中选择若干个作业调入内存,使它们共享 CPU 和系统中的各种资源。多道批处理系统至今仍是三大基本操作系统类型之一。在大多数大、中、小型机中都配置了它,说明它具有其他类型 OS 所不具有的优点。多道批处理系统的主要优缺点如下:

1) 资源利用率高

由于在内存中驻留了多道程序,它们共享资源,可保持资源处于忙碌状态,从而使各种资源得以充分利用。

2) 系统吞吐量大

系统吞吐量是指系统在单位时间内所完成的总工作量。能提高系统吞吐量的主要原因可归结为：第一,CPU 和其他资源保持"忙碌"状态；第二,仅当作业完成时或运行不下去时才进行切换,系统开销小。

3) 平均周转时间长

作业的周转时间是指从作业进入系统开始,直至其完成并退出系统为止所经历的时间。在批处理系统中,由于作业要排队,依次进行处理,因而作业的周转时间较长,通常需要几个小时甚至几天。

4) 无交互能力

用户一旦把作业提交给系统直至作业完成,用户都不能与自己的作业进行交互,这对修改和调试程序是极不方便的。

2. 分时操作系统

分时系统(Time Sharing System)能很好地将一台计算机提供给多个用户同时使用,提高计算机的利用率。它被经常应用于查询系统中,满足许多查询用户的需要。用户的需求具体表现在以下几个方面：

1) 人机交互

每当程序员写好一个新程序,都需要上机进行调试,程序员希望能像早期使用计算机时一样对它进行直接控制,通过一边运行一边修改的方式对程序中的错误进行修改。

2) 共享主机

当时计算机非常昂贵,不可能像现在这样每人独占一台微机,而只能是由多个用户共享一台计算机,但用户在使用机器时应能够像自己独占计算机一样,不仅可以随时与计算机交互,而且应感觉不到其他用户也在使用该计算机。

3) 便于用户上机

在多道批处理系统中,用户上机前必须把自己的作业邮寄或亲自送到机房。这对于用户尤其是远地用户来说是十分不便的。用户希望能通过自己的终端直接将作业传送到机器上进行处理,并能对自己的作业进行控制。

分时系统与多道批处理系统相比具有非常明显的特征,由上所述可以归纳成以下四个特点：

1) 多路性

允许在一台主机上同时联接多台联机终端,系统按分时原则为每个用户服务。宏观上,是多个用户同时工作,共享系统资源；而微观上,则是每个用户作业轮流运行一个时间片。多路性即同时性,它提高了资源利用率,降低了使用费用,从而促进了计算机更广泛的应用。

2) 独立性

每个用户各占一个终端,彼此独立操作,互不干扰。因此,用户所感觉到的,就像是他一人独占主机。

3) 及时性

用户的请求能在很短的时间内获得响应。此时间间隔是以人们所能接受的等待时间来确定的,通常仅为 1~3s。

4) 交互性

用户可通过终端与系统进行广泛的人机对话。其广泛性表现在用户可以请求系统提供多方面的服务,如文件编辑、数据处理和资源共享等。

3. 实时操作系统

所谓"实时"是表示"及时",而实时系统(Real Time System)是指系统能及时(或即时)响应外部事件的请求,在规定的时间内完成对该事件的处理,并控制所有实时任务协调一致地运行。实时系统可以进行如下划分。

根据任务执行时是否呈现周期性划分为以下两种:

1)周期性实时任务

外部设备周期性地发出激励信号给计算机,要求它按指定周期循环执行,以便周期性地控制某外部设备。

2)非周期性实时任务

外部设备所发出的激励信号并无明显的周期性,但都必须联系着一个截止时间(Deadline)。它又可分为开始截止时间(某个任务在某时间以前必须开始执行)和完成截止时间(某个任务在某时间以前必须完成)两部分。

根据对截止时间的要求划分为以下两种:

1)硬实时任务(Hard real-time Task)

系统必须满足任务对截止时间的要求,否则可能出现难以预测的结果。

2)软实时任务(Soft real-time Task)

它也联系着一个截止时间,但并不严格,若偶尔错过了任务的截止时间,对系统产生的影响也不会太大。

与分时系统相比较,实时系统具有如下特征:

1)多路性

实时信息处理系统也按分时原则为多个终端用户服务。实时控制系统的多路性则主要表现在系统周期性地对多路现场信息进行采集,以及对多个对象或多个执行机构进行控制。而分时系统中的多路性则与用户情况有关,时多时少。

2)独立性

实时信息处理系统中的每个终端用户在向实时系统提出服务请求时,是彼此独立地操作,互不干扰;而实时控制系统中,对信息的采集和对对象的控制也都是彼此互不干扰的。

3)及时性

实时信息处理系统对实时性的要求与分时系统类似,都是以人所能接受的等待时间来确定的;而实时控制系统的及时性,则是以控制对象所要求的开始截止时间或完成截止时间来确定的,一般为秒级到毫秒级,甚至有的要低于 $100\mu s$。

4)交互性

实时信息处理系统虽然也具有交互性,但这里人与系统的交互仅限于访问系统中某些特定的专用服务程序。它不像分时系统那样能向终端用户提供数据处理和资源共享等服务。

5)可靠性

分时系统虽然也要求系统可靠,但相比之下,实时系统则要求系统具有高度的可靠性。因为任何差错都可能带来巨大的经济损失,甚至是无法预料的灾难性后果,所以在实时系统中,往往都采取了多级容错措施来保障系统的安全性及数据的安全性。

4. 嵌入式操作系统

嵌入式操作系统是指运行在掌上电脑、通信设备、车载系统、信息家电等非计算机类设备上的操作系统。主要有嵌入式 Linux、μCOS-II、WinCE、Android 和 Palm OS 等。嵌入式操作系统具有如下特征：

1）系统内核小

2）专用性强

3）系统精简

嵌入式系统一般没有系统软件和应用软件的明显区分，不要求其功能设计及实现上过于复杂，这样一方面利于控制系统成本，另一方面也利于实现系统安全。

4）高实时性的系统软件(OS)是嵌入式软件的基本要求。而且软件要求固态存储，以提高速度；软件代码要求高质量和高可靠性。

5）嵌入式软件开发走向标准化必须使用多任务的嵌入式操作系统。

6）嵌入式系统开发需要开发工具和环境。

5. 个人计算机操作系统

个人计算机操作系统是指安装在个人计算机上的操作系统，由于个人计算机基本属于个人专有，所以主要考虑的是使用的方便性和多媒体等特征。

按照用户数量和并发程序数，个人计算机操作系统可以分为单用户单任务、单用户多任务、多用户多任务等。

单用户操作系统主要有 MS-DOS、CP/M 和早期的 Windows 等；单用户多任务操作系统主要有 Windows 98、Windows Me 等；多用户多任务操作系统主要有 Windows 2000 以后版本和 UNIX、Linux 等。

6. 网络操作系统

网络操作系统(Network Operating System,NOS)是网络的心脏和灵魂，是向网络计算机提供服务的特殊的操作系统。网络操作系统运行在称为服务器的计算机上，并由联网的计算机用户共享，这类用户称为客户。

网络操作系统以使网络相关特性达到最佳为目的，如共享数据文件、软件应用以及共享硬盘、打印机、调制解调器、扫描仪和传真机等。网络操作系统还负责管理局域网(LAN)用户和 LAN 打印机之间的连接。NOS 总是跟踪每一个可供使用的打印机以及每个用户的打印请求，并对如何满足这些请求进行管理，使每个终端用户感到进行操作的打印机犹如与其计算机直接相连。

由于网络计算的出现和发展，现代操作系统的主要特征之一就是具有上网功能，因此，除了在 20 世纪 90 年代初期，Novell 公司的 Netware 等系统被称为网络操作系统之外，人们一般不再特指某个操作系统为网络操作系统。

网络操作系统使网络上各计算机能方便而有效地共享网络资源，为网络用户提供的各种服务软件和各种数据的集合。网络操作系统与通常的操作系统有所不同，它除了应具有通常操作系统应具有的处理机管理、存储器管理、设备管理和文件管理功能外，还应具有以下两大功能：

1）提供高效、可靠的网络通信能力。

2）提供多种网络服务功能，如远程作业录入并进行处理的服务功能、文件传输服务功能、电子邮件服务功能和远程打印服务功能。

7. 分布式操作系统

它是以计算机网络为基础的计算机系统,包含多台计算机,这些计算机既可以独立工作,又可以合作。分布式系统是一个一体化的系统,在整个系统中有一个全局的操作系统称为分布式操作系统。

与计算机网络操作系统相比,分布式操作系统有如下特点:无标准协议、系统有一个统一的操作系统、对用户透明、松散耦合的硬件运行和紧密耦合的软件。

3.2.4　常见的操作系统

操作系统是现代计算机必不可少的系统软件,它是计算机的灵魂所在。不同类型的计算机上安装相适应的操作系统,大型机和专用工作站上安装的是专用操作系统,主要有UNIX操作系统及其各种演化版本和Linux等。由于个人计算机的普及,现在的计算机市场上主要都是微型计算机,所以本节重点描述微型计算机操作系统。微型计算机的操作系统诞生于20世纪70年代的CP/M机器上,能够进行文件管理,具有磁盘驱动装置,可控制磁盘的I/O,显示器的显示以及打印的输出。目前在各种不同类型计算机上使用的操作系统有很多种,比较常见的有Linux、Windows等,下面分别介绍。

1. Linux操作系统

Linux是一种类UNIX计算机操作系统。Linux操作系统的内核的名字也是"Linux"。严格来讲,Linux这个词本身只表示Linux内核,但是人们已经习惯了用Linux来形容整个基于Linux内核并且使用GNU工程各种工具和数据库的操作系统。Linux得名于最初的设计者Linus Torvalds。

1) Linux内核

Linux是最受欢迎的自由计算机操作系统内核。它是一个用C语言和汇编语言编写,符合POSIX标准的类UNIX操作系统。Linux最早是由芬兰黑客林纳斯·托瓦兹(Linus B. Torvalds)为尝试在英特尔x86架构上提供自由免费的类UNIX操作系统而开发的。

Linux内核指的是一个提供硬件抽象层(Hardwave Abstraction Layer,HAL)、磁盘及文件系统控制、多任务等功能的系统软件。一个内核不是一套完整的操作系统。一套基于Linux内核的完整操作系统叫做Linux操作系统,或是GNU Linux,通常称为Linux发行版。

2) 基本思想

Linux的基本思想有两点:第一,一切都是文件;第二,每个软件都有确定的用途。其中第一条详细来讲就是系统中的所有都归结为一个文件,包括命令、硬件和软件设备、操作系统、进程等,对于操作系统内核而言,都被视为拥有各自特性或类型的文件。

3) 桌面环境

一个桌面环境(Desktop Environment),有时称为桌面管理器,为计算机提供一个图形用户界面(Graphical User Interface,GUI)。这个名称来自桌面比拟,对应于早期的文字命令行界面(CLI)。一个典型的桌面环境提供图标、视窗、工具栏、文件夹、壁纸以及像拖放这样的能力。整体而言,桌面环境在设计和功能上的特性,赋予了它与众不同的外观和感觉,更加方便用户使用。

现今主流的桌面环境有 KDE、Gnome、LXDE 等。

4）Linux 发行版

Linux 发行版是指我们通常所说的"Linux 操作系统"，它可能是由一个组织，公司或者个人发行的。通常，一个 Linux 发行版包括 Linux 内核，将整个软件安装到电脑上的一套安装工具，各种 GNU 软件，其他的一些自由软件，在一些特定的 Linux 发行版中也有一些专有软件。发行版为许多不同的目的而制作，包括对不同计算机结构的支持，对一个具体区域或语言的本地化，实时应用和嵌入式系统。目前，超过三百个发行版被积极地开发，最广泛使用的发行版有大约 12 个。

一个典型的 Linux 发行版包括：Linux 核心，一些 GNU 库和工具，命令行 shell，图形界面的 X 窗口系统和相应的桌面环境，如 KDE 或 GNOME，并包含数千种例如办公软件，编译器，文本编辑器，科学工具的应用软件。

主流的 Linux 发行版主要有 Ubuntu、Debian GNU/Linux、Fedora、Mandriva Linux、Slackware Linux、OpenSUSE 和 Red Hat 等。

2. Windows 操作系统

Windows 是微软公司推出的视窗操作系统。随着计算机系统的升级，Windows 操作系统从 16 位、32 位升级到 64 位操作系统。从最初的 Windows 1.0 到大家熟知的 Windows 95/NT/97/98/2000/Me/XP/Server/Vista/7，Windows 操作系统一直在开发和完善。

早期版本的 Windows 通常仅仅被看做是一个图形用户界面，不是操作系统，主要因为它们在 MS-DOS 上运行并且被用作文件系统服务。不过，即使最早的 16 位版本的 Windows 也已经具有了许多典型的操作系统功能，包括拥有自己的可执行文件格式以及为应用程序提供自己的设备驱动程序（如计时器、图形、打印机、鼠标、键盘以及声卡等）。默认的平台是由任务栏和桌面图标组成的。任务栏由显示正在运行的程序、"开始"菜单、时间、快速启动栏、输入法以及右下角托盘图标组成。而桌面图标是进入程序的途径。默认系统图标有"我的电脑"、"我的文档"、"回收站"，另外，还会显示出系统自带的"IE 浏览器"图标。下面介绍 Windows 的版本演化。

1）16 位操作系统产品

Windows 1.0～Windows 1.04、Windows 2.0～Windows 2.03 和 Windows 3.0～Windows 3.2。

2）16/32 位兼容操作系统

Windows 95（第一版、第二版）、Windows 98（第一版、第二版（最稳定和普及版））Windows Millennium Edition（ME）（Windows 98 与 2000 的混合过渡性产品）。

3）32 位操作系统

Windows NT 3.1（1992 年）、Windows NT 3.5、Windows NT 3.51、Windows NT 4.0、Windows 2000、Windows XP 32 位版、Windows Server 2003 32 位版、Windows Vista 32 位版、Windows Server 2008 32 位版和 Windows 7 32 位版。

4）64 位操作系统

这个系列的产品包括 Windows XP 64 位版、Windows Server 2003 64 位版、Windows Server 2003 R2 64 位版、Windows Vista 64 位版、Windows Server 2008 64 位版、Windows 7 64 位版和 Windows Server 2008 R2。

目前 Windows 的最新版本为 Windows 7，Windows 8 版本将很快面世。它的设计主要围绕基于应用服务的设计；用户的个性化；视听娱乐的优化；用户易用性的新引擎。下面对 Windows 7 的特色进行介绍。

1）更易用

Windows 7 做了许多方便用户的设计，如快速最大化，窗口半屏显示，跳转列表（Jump List），系统故障快速修复等，这些新功能令 Windows 7 成为最易用的 Windows 系统。

2）更快速

Windows 7 大幅缩减了 Windows 的启动时间，据实测，在 2008 年的中低端配置下运行，系统加载时间一般不超过 20s，这与 Windows Vista 的 40 余秒相比，是一个很大的进步。

3）更简单

Windows 7 将会让搜索和使用信息更加简单，包括本地、网络和互联网搜索功能，直观的用户体验将更加高级，还会整合自动化应用程序提交和交叉程序数据透明性。

4）更安全

Windows 7 包括了改进的安全和功能合法性，还会把数据保护和管理扩展到外围设备。Windows 7 改进了基于角色的计算方案和用户账户管理，在数据保护和坚固协作的固有冲突之间搭建沟通桥梁，同时也会开启企业级的数据保护和权限许可。

5）节约成本

Windows 7 可以帮助企业优化它们的桌面基础设施，具有无缝操作系统、应用程序和数据移植功能，并简化 PC 供应和升级，进一步朝完整的应用程序更新和补丁方面努力。

3.3 程序设计基础

3.3.1 程序设计语言

程序设计语言也称为计算机语言（Computer Language），是指用于人与计算机之间通信的语言，是人与计算机之间传递信息的媒介。计算机系统最大特征是要让计算机完成的指令通过一种语言来传达给机器。为了使电子计算机进行各种工作，就需要有一套用以编写计算机程序的数字、字符和语法规划，由这些字符和语法规则组成计算机各种指令（或各种语句）。

1. 机器语言

机器语言是直接用二进制代码指令表示的计算机语言，指令是用 0 和 1 组成的一串代码，它们有一定的位数，并分成若干段，各段的编码表示不同的含义，例如某台计算机字长为 16 位，即有 16 个二进制位组成一条指令或其他信息。16 个 0 和 1 可组成各种排列组合，通过线路变成电信号，让计算机执行各种不同的操作。

如某种计算机的指令为 1011011000000000，它表示让计算机进行一次加法操作；而指令 1011010100000000 则表示进行一次减法操作。它们的前 8 位表示操作码，而后 8 位表示地址码。从上面两条指令可以看出，它们只是在操作码中从左边第 0 位算起的第 6 和第 7 位不同。这种机型可包含 256（即 2 的 8 次幂）个不同的指令。

范例:

指令部分的范例:

0000 代表 加载(LOAD)

0001 代表 存储(STORE)

暂存器部分的范例:

0000 代表暂存器 A

0001 代表暂存器 B

内存部分的范例:

000000000000 代表地址为 0 的内存

000000000001 代表地址为 1 的内存

000000001000 代表地址为 16 的内存

100000000000 代表地址为 2^{11} 的内存

整合范例:

00000000000000001000 代表 LOAD A,16

00000000000000000001 代表 LOAD B,1

00000001000000001000 代表 STORE B,16

00000001000000000001 代表 STORE B,1

从本质上说,计算机只能识别 0 和 1 两个数字,因此,计算机能够直接识别的指令是由一连串的 0 和 1 组合起来的二进制编码。

1) 机器语言的特点

机器语言又称为二进制代码语言,计算机可以直接识别,不需要进行任何翻译。每台机器的指令,其格式和代码所代表的含义都是硬性规定的,故称之为面向机器的语言,也称为机器语言。它是第一代计算机语言。机器语言对不同型号的计算机来说一般是不同的。

2) 机器语言的缺点

(1) 大量烦琐的细节牵制着程序员,使他们不可能有更多的时间和精力去从事创造性的劳动,执行对他们来说更为重要的任务,如确保程序的正确性、高效性。

(2) 程序员既要驾驭程序设计的全局又要深入每一个局部直到实现的细节,即使智力超群的程序员也常常会顾此失彼,屡出差错,因而所编出的程序可靠性差,且开发周期长。

(3) 由于用机器语言进行程序设计的思维和表达方式与人们的习惯大相径庭,只有经过较长时间职业训练的程序员才能胜任,使得程序设计变得困难。

(4) 由于它的书面形式全是"密码",所以可读性差,不便于交流与合作。

(5) 严重依赖具体的计算机,所以可移植性差,重用性差。

这些弊端造成当时的计算机应用未能迅速得到推广。

2. 汇编语言

汇编语言(Assembly Language)是面向机器的程序设计语言。在汇编语言中,用助记符代替操作码,用地址符号(Symbol)或标号(Label)代替地址码。这样用符号代替机器语言的二进制码,就把机器语言变成了汇编语言。于是汇编语言亦称为符号语言。使用汇编语言编写的程序,机器不能直接识别,要由一种程序将汇编语言翻译成机器语言,这种起翻译作用的程序叫汇编程序,汇编程序是系统软件中语言处理系统软件。汇编程序把用汇编语言编写的程序翻译成机器语言的过程称为汇编。一个汇编语言程序通常由代码段和数据段组成。如下所示:

一个数据段的定义例子:

```
DATA1   SEGMENT
    word1   DW1, 9078H,
    byte1   DB21, 'World'
            DD12345678H
DATA1 ENDS
```

一个代码段定义的例子:

```
CODE1 SEGMENT
    MOV    AX, DATA1              ;把数据段 DATA1 的段值送 AX
    MOV    DS, AX                 ;把 AX 的值送给 DS,即: DS 存储数据段的段值
    …
    MOV    AX, 4C00H
    INT    21H                    ;调用 DOS 功能,结束程序的运行
CODE1 ENDS
```

汇编语言由于采用了助记符号来编写程序,比用机器语言的二进制代码编程要方便些,在一定程度上简化了编程过程。汇编语言的特点是用符号代替了机器指令代码,而且助记符与指令代码一一对应,基本保留了机器语言的灵活性。使用汇编语言能面向机器并较好地发挥机器的特性,得到质量较高的程序代码。

汇编语言是面向具体机型的,它离不开具体计算机的指令系统,因此,对于不同型号的计算机,有着不同结构的汇编语言,而且,为解决同一问题所编制的汇编语言程序在不同种类的计算机间是互不相通的。

汇编语言中由于使用了助记符号,用汇编语言编制的程序输入计算机,计算机不能像用机器语言编写的程序一样直接识别和执行,必须通过预先放入计算机的“汇编程序”的加工和翻译,才能变成被计算机识别和处理的二进制代码程序。用汇编语言等非机器语言书写好的符号程序称为源程序,运行时汇编程序要将源程序翻译成目标程序。目标程序是机器语言程序,它一经被安置在内存的预定位置上,就能被计算机的 CPU 处理和执行。

汇编语言像机器指令一样,是硬件操作的控制信息,因而仍然是面向机器的语言,使用起来还是比较烦琐费时,通用性也差。但是,汇编语言用来编写系统软件和过程控制软件,其目标程序占用内存空间少,运行速度快,有着高级语言不可替代的优势。

汇编语言直接同计算机的底层软件甚至硬件进行交互,它具有如下一些优点:

(1) 能够直接访问与硬件相关的存储器或 I/O 端口;

(2) 能够不受编译器的限制,对生成的二进制代码进行完全的控制;

(3) 能够对关键代码进行更准确的控制,避免因线程共同访问或者硬件设备共享引起的死锁;

(4) 能够根据特定的应用对代码做优化,提高运行速度;

(5) 能够最大限度地发挥硬件的功能。

同时还应该认识到,汇编语言是一种层次较低的语言,它仅仅高于直接手工编写的二进

制的机器指令码,因此不可避免地存在一些缺点:

(1) 编写的代码非常难懂,不好维护;

(2) 很容易产生错误,难于调试;

(3) 只能针对特定的体系结构和处理器进行优化;

(4) 开发效率很低,时间长且单调。

3. 高级语言

高级语言与计算机的硬件结构及指令系统无关,具有更强的表达能力,可方便地表示数据的运算和程序的控制结构,能更好地描述各种算法,而且容易学习掌握。但高级语言编译生成的程序代码一般比用汇编语言设计的程序代码要长,执行的速度也慢。所以汇编语言适合编写一些对速度和代码长度要求高的程序和直接控制硬件的程序。高级语言、汇编语言和机器语言都是用于编写计算机程序的语言。

高级语言程序"看不见"机器的硬件结构,不能用于编写直接访问机器硬件资源的系统软件或设备控制软件。为此,一些高级语言提供了与汇编语言之间的调用接口。用汇编语言编写的程序,可作为高级语言的一个外部过程或函数,利用堆栈来传递参数或参数的地址。

高级语言的类型主要有:

1) 命令式语言

这种语言的语义基础是模拟"数据存储/数据操作"的图灵机可计算模型,十分符合现代计算机体系结构的自然实现方式。其中产生操作的主要途径是依赖语句或命令产生的副作用。现代流行的大多数语言都是这一类型,比如 Fortran、Pascal、Cobol、C、C++、BASIC、Ada、Java 和 C♯等,各种脚本语言也被看做是此种类型。

2) 函数式语言

这种语言的语义基础是基于数学函数概念的值映射的 λ 算子可计算模型。这种语言非常适合于进行人工智能等工作的计算。典型的函数式语言如 Lisp、Haskell、ML、Scheme 等。

3) 逻辑式语言

这种语言的语义基础是基于一组已知规则的形式逻辑系统。这种语言主要用在专家系统的实现中。最著名的逻辑式语言是 Prolog。

4) 面向对象语言

现代计算机语言中的大多数都提供面向对象的支持,但有些语言是直接建立在面向对象基本模型上的,语言的语法形式的语义就是基本对象操作。纯面向对象语言是 Smalltalk。

下面给出一个 C 语言的例子:

```
/ * This is a sample * /        //注释行,对程序进行说明
#include< stdio. h>            //包含文件 stdio.h,使程序能够进行输入输出
void main()                     //定义主函数
{                               //函数体开始
    printf("hello");            //输出字符串"hello"
}                               //主函数结束
```

程序设计语言从机器语言到高级语言的抽象,带来的主要好处有:

（1）高级语言接近算法语言，易学、易掌握，一般工程技术人员只要几周时间的培训就可以胜任程序员的工作；

（2）高级语言为程序员提供了结构化程序设计的环境和工具，使得设计出来的程序可读性好，可维护性强，可靠性高；

（3）高级语言远离机器语言，与具体的计算机硬件关系不大，因而所写出来的程序可移植性好，重用率高；

（4）由于把烦琐的事务交给了编译程序去做，所以自动化程度高，开发周期短，且程序员得到解脱，可以集中时间和精力去从事对于他们来说更为重要的创造性劳动，以提高程序的质量。

用高级语言编写的程序称为源程序。在计算机上执行用某种高级语言写的源程序，通常有两种方式：一是编译执行方式，二是解释执行方式。

（1）采用编译执行方式执行源程序时要分两大步：编译和运行。编译中的加工处理过程又可分为4个阶段：词法分析、语法分析、中间代码生成、目标代码生成。经过编译阶段的处理，生成的目标代码为可执行代码，可执行代码可以在目标系统上正常运行。

（2）解释执行方式是按照源程序中语句的动态顺序，直接地逐句进行分析解释，并立即执行。所以，解释程序是这样一种程序，它能够按照源程序中语句的动态顺序，逐句地分析解释并执行，直至源程序结束。

采用编译方式执行的程序，由于编译之后生成的是目标系统的可执行程序，所以执行速度很快。缺点是编译程序需要相应的时间；编译过程中失去了程序源代码中的信息，给程序的调试带来麻烦。解释方式执行的程序，由于对源程序没有进行改动，所以调试程序相对方便；缺点是边分析边执行，程序的执行速度相对较慢。

3.3.2　程序设计过程

1. 程序设计

程序设计（Programming）是给出解决特定问题程序的过程，是软件构造活动中的重要组成部分。程序设计往往以某种程序设计语言为工具，给出这种语言下的程序。程序设计过程应当包括分析、设计、编码、测试、排错等不同阶段。

2. 程序设计的基本过程

（1）分析需求：了解清楚程序应有的功能。

（2）设计算法：根据所需的功能，理清思路，排出完成功能的具体步骤，其中每一步都应当是简单的、确定的。这一步也被称为"逻辑编程"。

（3）编写程序：根据前一步设计的算法，编写符合 C++语言或其他语言规则的程序文本。

（4）输入与编辑程序：将程序文本输入到计算机内，并保存为文件。

（5）编译（Compile）：把程序编译成机器语言程序。

（6）生成执行程序：从目标文件进一步连接生成可执行文件。

（7）运行。

以上只是程序设计的基本过程，在程序运行过程中经过测试和调试可能会发现一些问题或者错误，这时要继续修改和维护整个程序，最终满足用户的需求。

3.3.3 程序设计方法

1. 结构化程序设计

结构化程序设计(Structured Programming)是进行以模块功能和处理过程设计为主的详细设计的基本原则。其概念最早由 E. W. Dijikstra 在 1965 年提出。它是软件发展的一个重要的里程碑,它的主要观点是采用"自顶向下、逐步求精"的程序设计方法;使用三种基本控制结构构造程序,任何程序都可由顺序、选择、循环三种基本控制结构构造。

1) 详细描述处理过程常用三种工具:图形、表格和语言。

(1) 图形主要有程序流程图、N-S 图和 PAD 图等。

(2) 表格主要使用判定表。

(3) 语言有过程设计语言(Process Design Language,PDL)。

2) 结构化程序设计的三种基本结构

结构化程序设计的三种基本结构是顺序结构、选择结构和循环结构。

3) 基于结构化程序设计原则、方法以及结构化程序基本构成结构的掌握和了解,在结构化程序设计的具体实施中,要注意把握如下要素:

(1) 使用程序设计语言中的顺序、选择、循环等有限的控制结构表示程序的控制逻辑。

(2) 选用的控制结构只准有一个入口和一个出口。

(3) 程序语句组成容易识别的块,每块只有一个入口和一个出口。

(4) 复杂结构应该用嵌套的基本控制结构进行组合嵌套来实现。

(5) 语言中没有的控制结构,应该采用前后一致的方法来模拟。

(6) 严格控制 GOTO 语句的使用。

4) 结构化程序设计方法

(1) 抽象化

常用的抽象化手段有过程抽象、数据抽象和控制抽象。过程抽象是指任何一个完成明确功能的操作都可被使用者看作单位的实体,尽管这个操作可能由一系列更低级的操作来完成;数据抽象与过程抽象一样,允许设计人员在不同层次上描述数据对象的细节;控制抽象可以包含一个程序控制机制而无须规定其内部细节。

(2) 自顶向下、逐步细化

将软件的体系结构按自顶向下方式,对各个层次的过程细节和数据细节逐层细化,直到用程序设计语言的语句能够实现为止,从而确立整个程序的体系结构。

(3) 模块化

将一个待开发的软件分解成若干个小的简单的模块,每个模块可独立地开发、测试,最后组装成完整的程序。这是一种复杂问题的"分而治之"的原则。模块化的目的是使程序结构清晰、容易阅读、容易理解、容易测试和容易修改。

(4) 控制层次

控制层次表明了程序构件(模块)的组织情况。它往往用程序的层次结构(树形或网形)来表示。深度是指程序结构的层次数,可以反映程序结构的规模和复杂程度;宽度是指同一层模块的最大模块个数;模块的扇出是指一个模块调用(或控制)的其他模块数;模块的扇入是指调用(或控制)一个给定模块的模块个数。

（5）信息屏蔽

将每个程序的成分隐蔽或封装在一个单一的设计模块中,定义每一个模块时尽可能少地显露其内部的处理,可以提高软件的可修改性、可测试性和可移植性。

（6）模块独立

每个模块完成一个相对特定独立的子功能,并且与其他模块之间的联系简单。衡量标准有两个,分别是模块间的耦合和模块的内聚。要使模块独立性强必须做到高内聚低耦合。

① 耦合

模块之间联系的紧密程度,耦合度越高模块的独立性越差。耦合度从低到高的次序为:非直接耦合、数据耦合、标记耦合、控制耦合、外部耦合、公共耦合、内容耦合。

② 内聚

内聚是指模块内部各元素之间联系的紧密程度,内聚度越低模块的独立性越差。内聚度从低到高依次是:偶然内聚、逻辑内聚、瞬时内聚、过程内聚、通信内聚、顺序内聚和功能内聚。

2. 面向对象程序设计方法

面向对象程序设计(Object Oriented Programming,OOP)是一种计算机编程架构。面向对象编程的一条基本原则是计算机程序由单个能够起到子程序作用的单元或对象组合而成。

面向对象程序设计中的概念主要包括:对象、类、数据抽象、继承、动态绑定、数据封装、多态性、消息传递。通过这些概念面向对象的思想得到了具体的体现。

1) 对象

对象是程序运行时的基本实体,是一个封装了数据和操作这些数据的代码的逻辑实体。

2) 类

类是具有相同类型的对象的抽象。一个对象所包含的所有数据和代码可以通过类来构造。

3) 封装

封装是将数据和代码捆绑到一起,避免了外界的干扰和不确定性。对象的某些数据和代码可以是私有的,不能被外界访问,以此实现对数据和代码不同级别的访问权限。

4) 继承

继承是让某个类型的对象获得另一个类型的对象的特征。通过继承可以实现代码的重用,从已存在的类派生出一个新类将自动具有原来那个类的特性,同时,它还可以拥有自己的新特性。

5) 多态

多态是指不同事物具有不同表现形式的能力。多态机制使具有不同内部结构的对象可以共享相同的外部接口,通过这种方式减少代码的复杂度。

6) 动态绑定

绑定指的是将一个过程调用与相应代码链接起来的行为。动态绑定是指与给定的过程调用相关联的代码只有在运行期才可知的一种绑定,它是多态实现的具体形式。

7) 消息传递

对象之间需要相互沟通,沟通的途径就是对象之间收发信息。消息内容包括接收消息的对象的标识,需要调用的函数的标识以及必要的信息。消息传递的概念使得对现实世界的描述更容易。

8) 方法

方法(Method)是定义一个类可以做的,但不一定会去做的事。

在面对对象方法中,对象和消息传递分别表现事物及事物间相互联系的概念。类和继承是适应人们一般思维方式的描述范式。方法是允许作用于该类对象上的各种操作。这种对象、类、消息和方法的程序设计范式的基本点在于对象的封装性和类的继承性。通过封装能将对象的定义和对象的实现分开,通过继承能体现类与类之间的关系以及由此带来的动态联编和实体的多态性,从而构成了面向对象的基本特征。按照 Bjarne Stroustrup(C++语言的发明者)的说法,面向对象的编程范式包含以下三个方面。

(1) 决定你要的类。

(2) 给每个类提供完整的一组操作。

(3) 明确地使用继承来表现共同点。

由这个定义,我们可以看出,面向对象设计就是根据需求决定所需的类、类的操作以及类之间关联的过程。

比较面向对象程序设计和面向过程程序设计,还可以得到面向对象程序设计的其他优点:

(1) 数据抽象的概念可以在保持外部接口不变的情况下改变内部实现,从而减少甚至避免对外界的干扰。

(2) 通过继承可以大幅减少冗余的代码并方便地扩展现有代码,提高编码效率,也减少出错概率,降低软件维护的难度。

(3) 结合面向对象分析、面向对象设计,允许将问题域中的对象直接映射到程序中,减少软件开发过程中中间环节的转换过程。

(4) 通过对对象的辨别和划分可以将软件系统分割为若干相对独立的部分,在一定程度上更便于控制软件复杂度。

(5) 以对象为中心的设计可以帮助开发人员从静态(属性)和动态(方法)两个方面把握问题,从而更好地实现系统。

(6) 通过对象的聚合、联合可以在保证封装与抽象的原则下实现对象内在结构以及外在功能上的扩充,从而实现对象由低到高的升级。

3.4 软件工程

3.4.1 软件工程的产生背景

20 世纪 60 年代中期,大容量、高速度计算机的出现使计算机的应用范围迅速扩大,软件开发急剧增长。此时高级语言开始出现,操作系统的发展引起了计算机应用方式的变化,大量数据处理导致第一代数据库管理系统的诞生。软件系统的规模越来越大,复杂程度越来越高,软件可靠性问题也越来越突出。原来的个人设计、个人使用的方式已不能满足要求,迫切需要改变软件生产方式,提高软件生产率。由此,软件危机开始爆发。

早期出现的软件危机主要表现在以下三个方面。

1) 软件开发费用和进度失控

在开发过程中,费用超支、进度拖延的情况屡屡发生。有时为了赶进度或压低成本不得不采取一些权宜之计,这样往往严重损害软件产品的质量。

2) 软件的可靠性差

尽管耗费了大量的人力物力,而系统的正确性却越来越难以保证,出错率大大增加,由于软件错误而造成的损失十分惊人。

3) 软件难以维护

很多程序缺乏相应的文档资料,程序中的错误难以定位、难以改正,有时改正了已有的错误却又引入新的错误。随着软件的社会拥有量越来越大,维护占用了大量人力、物力和财力。

进入80年代以来,尽管软件工程研究与实践取得了可喜的成就,软件技术水平有了长足的进展,但是软件生产水平依然远远落后于硬件生产水平的发展速度。软件危机不仅没有消失,还有加剧之势。

软件成本在计算机系统总成本中所占的比例居高不下,且逐年上升。由于微电子学技术的进步和硬件生产自动化程度不断提高,硬件成本逐年下降,性能和产量迅速提高。然而软件开发需要大量人力,软件成本随着软件规模和数量的剧增而持续上升。从美、日两国的统计数字表明,1985年软件成本大约占总成本的90%。

软件开发生产率提高的速度远远跟不上计算机应用迅速普及深入的需要,软件产品供不应求的状况使得人类不能充分利用现代计算机硬件所能提供的巨大潜力。

研究表明,产生软件危机的原因主要有两方面:

1) 与软件本身的特点有关

软件不同于硬件,它是计算机系统中的逻辑部件而不是物理部件;软件样品即是产品,试制过程也就是生产过程;软件不会因使用时间过长而"老化"或"用坏";软件具有可运行的行为特性,在写出程序代码并在计算机上试运行之前,软件开发过程的进展情况较难衡量,软件质量也较难评价,因此管理和控制软件开发过程十分困难;软件质量不是根据大量制造的相同实体的质量来度量,而是与每一个组成部分的不同实体的质量紧密相关,因此,在运行时所出现的软件错误几乎都是在开发时期就存在而一直未被发现的,改正这类错误通常意味着改正或修改原来的设计,这就在客观上使得软件维护远比硬件维护困难;软件是一种信息产品,具有可延展性,属于柔性生产,与通用性强的硬件相比,软件更具有多样化的特点,更加接近人们的应用问题。

2) 源于软件开发人员的弱点

(1) 软件产品是人的思维结果,因此软件生产水平最终在相当程度上取决于软件人员的教育、训练和经验的积累。

(2) 对于大型软件往往需要许多人合作开发,甚至要求软件开发人员深入应用领域的问题研究,这样就需要在用户与软件人员之间以及软件开发人员之间相互通信,在此过程中难免发生理解的差异,从而导致后续的设计或实现错误,而要消除这些误解和错误往往需要付出巨大的代价。

（3）由于计算机技术和应用发展迅速，知识更新周期加快，软件开发人员经常处在变化之中，不仅需要适应硬件更新的变化，而且还要涉及日益扩大的应用领域问题研究；软件开发人员所进行的每一项软件开发几乎都必须调整自身的知识结构以适应新的问题求解的需要，而这种调整是人所固有的学习行为，难以用工具来代替。

由以上论述可知，软件生产的这种知识密集和人力密集的特点是造成软件危机的根源所在。从软件开发危机的种种表现和软件开发作为逻辑产品的特殊性可以发现软件开发危机的原因：

1）用户需求不明确

在软件开发过程中，用户需求不明确问题主要体现在四个方面：

（1）在软件开发出来之前，用户自己也不清楚软件开发的具体需求。

（2）用户对软件开发需求的描述不精确，可能有遗漏、有二义性、甚至有错误。

（3）在软件开发过程中，用户还提出修改软件开发功能、界面、支撑环境等方面的要求。

（4）软件开发人员对用户需求的理解与用户本来愿望有差异。

2）缺乏正确的理论指导

缺乏有力的方法论和工具方面的支持。由于软件开发不同于大多数其他工业产品，其开发过程是复杂的逻辑思维过程，其产品极大程度地依赖于开发人员高度的智力投入。由于过分地依靠程序设计人员在软件开发过程中的技巧和创造性，加剧软件开发产品的个性化，也是发生软件开发危机的一个重要原因。

3）软件开发规模越来越大

随着软件开发应用范围的推广，软件开发规模愈来愈大。大型软件开发项目需要组织一定的人力共同完成，而多数管理人员缺乏开发大型软件开发系统的经验，多数软件开发人员又缺乏管理方面的经验。各类人员的信息交流不及时、不准确、有时还会产生误解。软件开发项目开发人员不能有效地、独立自主地处理大型软件开发的全部关系和各个分支，因此容易产生疏漏和错误。

4）软件开发复杂度越来越高

软件开发不仅仅是在规模上快速地发展扩大，而且其复杂性也急剧增加。软件开发产品的特殊性和人类智力的局限性，导致人们无力处理"复杂问题"。所谓"复杂问题"的概念是相对的，一旦人们采用先进的组织形式、开发方法和工具提高了软件开发效率和能力，新的、更大的、更复杂的问题又摆在人们的面前。

为了缓解"软件危机"，在1968年、1969年连续召开的两次著名的NATO会议上提出了"软件工程"这一术语，并在以后不断发展、完善。1968年北大西洋公约组织的计算机科学家在联邦德国召开的国际会议上第一次正式提出并使用了"软件工程"这个名词。

3.4.2　软件工程的产生

1. 软件工程的概念

软件工程（Software Engineering，SE）是一门研究用工程化方法构建和维护有效的、实用的和高质量的软件的学科。它涉及程序设计语言、数据库、软件开发工具、系统平台、标准、设计模式等方面。

2. 软件开发方法

软件研究人员不断探索新的软件开发方法。至今已形成了 8 类软件开发方法。

1) Parnas 方法

最早的软件开发方法是由 D. Parnas 在 1972 年提出。一是信息隐蔽原则；二是在软件设计时应对可能发生的某种意外故障采取措施。

2) SASD 方法

1978 年, E. Yourdon 和 L. L. Constantine 提出了结构化方法, 即 SASD 方法, 也可称为面向功能的软件开发方法或面向数据流的软件开发方法。1979 年 TomDeMarco 对此方法作了进一步完善。Yourdon 方法是 80 年代使用最广泛的软件开发方法。它首先用结构化分析(Structured Analysis, SA)对软件进行需求分析, 然后用结构化设计(Structured Design, SD)方法进行总体设计, 最后是结构化编程(Structured Programming, SP)。这一方法不仅开发步骤明确, SA、SD 和 SP 相辅相成, 而且给出了两类典型的软件结构(变换型和事务型), 使软件开发的成功率大大提高。

3) 面向数据结构的软件开发方法

面向数据结构的开发方法主要有 Jackson 方法和 Warnier 方法两种, 在此不做详细介绍。

4) 问题分析法

问题分析法(Problem Analysis Method, PAM)是 20 世纪 80 年代末由日立公司提出的一种软件开发方法。PAM 方法希望能兼顾 Yourdon 方法、Jackson 方法和自底向上的软件开发方法的优点, 而避免它们的缺陷。它的基本思想是考虑输入输出数据结构, 指导系统的分解, 在系统分析指导下逐步综合。

5) 面向对象的软件开发方法

随着面向对象编程(Object Oriented Programming, OOP)向面向对象设计(Object Oriented Design, OOD)和面向对象分析(Object Oriented Analysis, OOA)的发展, 最终形成面向对象的软件开发方法 OMT(Object Modeling Technique)。

6) 可视化开发方法

可视化开发是 90 年代软件界最大的两个热点之一。可视化开发工具应提供两类服务, 一是生成图形用户界面及相关的消息响应函数；二是为具体应用的各个常规执行步骤提供规范窗口, 它包括对话框、菜单、列表框、组合框、按钮和编辑框等, 以供用户挑选。

7) ICASE

随着软件开发工具的积累和自动化工具的增多, 软件开发环境进入了第三代, 即集成计算机辅助软件工程(Integrated Computer-Aided Software Engineering, ICASE)阶段。ICASE 的进一步发展则是与其他软件开发方法的结合, 如与面向对象技术、软件重用技术结合, 以及智能化的 ICASE。近几年已出现了能实现全自动软件开发的 ICASE。

8) 软件重用和组件连接

软件重用是指在构造新的软件系统的过程中, 对已存在的软件人工制品的使用技术。软件重用是利用已有的软件成分来构造新的软件, 可以大大减少软件开发所需的费用和时间, 有利于提高软件的可维护性和可靠性。目前软件重用沿着以下三个方向发展：

(1) 基于软件复用库的软件重用

这种方式通常采用两种方式进行软件重用, 即生成技术和组装方式。

（2）与面向对象技术结合

面向对象技术中类的聚集、实例对类的成员函数或操作的引用、子类对父类的继承等使软件的可重用性有了较大提高。而且这种类型的重用容易实现。所以这种方式的软件重用发展较快。

（3）组件连接

它是目前发展最快的软件重用方式。软件组件市场/组件集成方式是一种社会化的软件开发方式，也是软件开发方式上的一次革命，将极大地提高软件开发的劳动生产率，使用组件集成方式开发软件，应用软件开发周期将大大缩短，软件质量将更好，开发费用会进一步降低，软件维护也更容易。

综上所述，今后的软件开发将是以面向对象技术为基础，可视化开发、ICASE 和软件组件连接三种方式的共同发展。

3.4.3 软件工程过程

软件工程过程是将用户需求转化为软件所需的软件工程活动的总集。这个过程可能包括投入、需求分析、规格说明、设计、实施、验证、安装、使用支撑和文档化，还可能包括短期或长期的修复和升级以满足用户增长的需求。因为维护没有被普遍接受，所以在这里没有将维护包括进来。而在商业计算机领域它是指提供服务、修复软件缺陷但不包括升级。

需求活动包括问题分析和需求分析。问题分析获取需求定义，又称软件需求规约。需求分析生成功能规约。设计活动一般包括概要设计和详细设计。概要设计建立整个软件系统结构，包括子系统、模块以及相关层次的说明、每一模块的接口定义。详细设计产生程序员可用的模块说明，包括每一模块中数据结构说明及加工描述。实现活动把设计结果转换为可执行的程序代码。确认活动贯穿于整个开发过程，实现完成后的确认，保证最终产品满足用户的要求。维护活动包括使用过程中的扩充、修改与完善。伴随以上过程，还有管理过程、支持过程和培训过程等。

近年来，过程成熟度成为人们关注的焦点。软件工程研究所（Software Engineering Institute，SEI）提出了一个综合模型，定义了当一个组织达到不同程度的过程成熟度时应该具有的软件工程能力。软件工程研究所使用了一个五级的评估方案。五级的评估方案符合能力成熟度模型（Capacity Maturity Model，CMM）。SEI 模型建立了五级的成熟度级别。分别为：

第一级：初始级。软件过程的特征是特定的和偶然的，有时甚至是混乱的。

第二级：可重复级。建立了基本的项目管理过程，能够跟踪费用、进度和功能。

第三级：定义级。用于管理和工程活动的软件过程已经文档化、标准化并与整个组织的软件过程相集成。

第四级：管理级。软件过程和产品质量的详细度量数据被收集，通过这些数据，软件过程和产品能够被定量地理解和控制。

第五级：优化级。通过定量反馈进行不断的过程改进，这些反馈来自于过程或通过试验新的想法和技术而得到。

CMM 模型描述了软件过程不断改进的科学途径，使得软件开发组织能够进行自我分析，找出尽快提高软件过程能力的策略。所以得到软件产业界和软件工程界的关注和认可，被认为是 20 世纪 80 年代软件工程技术最重要的发展之一。

3.4.4 软件生命周期

软件生命周期(Systems Development Life Cycle,SDLC)是软件的产生直到报废的生命周期。周期内有问题定义、可行性分析、总体描述、系统设计、编码、调试和测试、验收与运行、维护升级到废弃等阶段,每个阶段都要有定义、工作、审查、形成文档以供交流或备查,以提高软件的质量。

把整个软件生存周期划分为若干阶段,使得每个阶段有明确的任务,使规模大、结构复杂和管理复杂的软件开发变的容易控制和管理。通常,软件生命周期包括可行性分析与开发项计划、需求分析、设计(概要设计和详细设计)、编码、测试、维护等活动,可以将这些活动以适当的方式分配到不同的阶段去完成。

1. 问题的定义及规划

此阶段由软件开发方与需求方共同讨论,主要确定软件的开发目标及其可行性。

2. 需求分析

在确定软件开发可行的情况下,对软件需要实现的各个功能进行详细分析。需求分析阶段是一个很重要的阶段,这一阶段做得好,将为整个软件开发项目的成功打下良好的基础。软件需求也是在整个软件开发过程中不断变化和深入的,因此我们必须制定需求变更计划来应付这种变化,以确保整个项目的顺利进行。

3. 软件设计

此阶段主要根据需求分析的结果,对整个软件系统进行设计,如系统框架设计、数据库设计等。软件设计一般分为总体设计和详细设计。好的软件设计将为软件程序编写打下良好基础。

4. 程序编码

此阶段是将软件设计的结果转换成用某种计算机语言编写的程序代码。在程序编码中必须要制定统一、符合标准的规范以保证程序的可读性、易维护性,提高程序的运行效率。

5. 软件测试

在软件设计完成后要经过严密的测试,以便发现软件在整个设计过程中存在的问题并加以纠正。整个测试过程分单元测试、组装测试以及系统测试三个阶段。测试的方法主要有白盒测试和黑盒测试两种。在测试过程中需要建立详细的测试计划并严格按照测试计划进行测试,以减少测试的随意性。

6. 运行维护

软件维护是软件生命周期中持续时间最长的阶段。在软件开发完成并投入使用后,由于多方面的原因,软件会不能继续适应用户的要求。要延续软件的使用寿命,就必须对软件进行维护。软件的维护包括纠错性维护和改进性维护两个方面。

3.4.5 软件开发模型

1. 瀑布模型

Winston Royce 在 1970 年提出了著名的"瀑布模型"(Waterfall Model),直到 20 世纪 80 年代早期,它一直是唯一被广泛采用的软件开发模型。

瀑布模型将软件生命周期划分为制定计划、需求分析、软件设计、程序编写、软件测试和运行维护等 6 个基本活动,并且规定了它们自上而下、相互衔接的固定次序,如同瀑布流水,逐级下落。

在瀑布模型中,软件开发的各项活动严格按照线性方式进行,当前活动接受上一项活动的工作结果,实施完成所需的工作内容。当前活动的工作结果需要进行验证,如果验证通过,则该结果作为下一项活动的输入,继续进行下一项活动,否则返回修改。

瀑布模型强调文档的作用,并要求每个阶段都要仔细验证。但是,这种模型的线性过程太理想化,已不再适合现代的软件开发模式。

2. 快速原型模型

快速原型模型(Rapid Prototype Model)的第一步是建造一个快速原型,实现客户或未来的用户与系统的交互,用户或客户对原型进行评价,进一步细化待开发软件的需求。

通过逐步调整原型使其满足客户的要求,开发人员可以确定客户的真正需求是什么。第二步则在第一步的基础上开发客户满意的软件产品。

显然,快速原型方法可以克服瀑布模型的缺点,减少由于软件需求不明确带来的开发风险,具有显著的效果。

快速原型的关键在于尽可能快速地建造出软件原型,一旦确定了客户的真正需求,所建造的原型将被丢弃。因此,原型系统的内部结构并不重要,重要的是必须迅速建立原型,随之迅速修改原型以反映客户的需求。

3. 增量模型

增量模型(Incremental Model)又称演化模型。与建造大厦相同,软件也是一步一步建造起来的。在增量模型中,软件被作为一系列的增量构件来设计、实现、集成和测试,每一个构件是由多种相互作用的模块所形成的提供特定功能的代码片段构成。

增量模型在各个阶段并不交付一个可运行的完整产品,而是交付满足客户需求的一个子集的可运行产品。整个产品被分解成若干个构件,开发人员逐个构件地交付产品,这样做的好处是软件开发可以较好地适应变化,客户可以不断地看到所开发的软件,从而降低开发风险。但是,增量模型也存在以下缺陷:

(1) 由于各个构件是逐渐并入已有的软件体系结构中的,所以加入构件必须不破坏已构造好的系统部分,这需要软件具备开放式的体系结构。

(2) 在开发过程中,需求的变化是不可避免的。增量模型的灵活性可以使其适应这种变化的能力大大优于瀑布模型和快速原型模型,但也很容易退化为边做边改模型,从而对软件过程的控制失去整体性。

在使用增量模型时,第一个增量往往是实现基本需求的核心产品。核心产品交付用户使用后,经过评价形成下一个增量的开发计划,它包括对核心产品的修改和一些新功能的发布。这个过程在每个增量发布后不断重复,直到产生最终的完善产品。

例如,使用增量模型开发字处理软件。可以考虑,第一个增量发布基本的文件管理、编辑和文档生成功能,第二个增量发布更加完善的编辑和文档生成功能,第三个增量实现拼写和文法检查功能,第四个增量完成高级的页面布局功能。

4. 螺旋模型

1988 年,Barry Boehm 正式发表了软件系统开发的"螺旋模型"(Spiral Model),它将瀑布模型和快速原型模型结合起来,强调了其他模型所忽视的风险分析,特别适合于大型复杂的系统。

螺旋模型沿着螺线进行若干次迭代,迭代过程由以下 4 个过程循环进行:

(1) 制定计划:确定软件目标,选定实施方案,弄清项目开发的限制条件。

(2) 风险分析:分析评估所选方案,考虑如何识别和消除风险。

(3) 实施工程:实施软件开发和验证。

(4) 客户评估:评价开发工作,提出修正建议,制定下一步计划。

螺旋模型由风险驱动,强调可选方案和约束条件从而支持软件的重用,有助于将软件质量作为特殊目标融入产品开发之中。但是,螺旋模型也有一定的限制条件,具体如下:

(1) 螺旋模型强调风险分析,但要求许多客户接受和相信这种分析,并做出相关反应是不容易的,因此,这种模型往往适应于内部的大规模软件开发。

(2) 如果执行风险分析大大影响项目的利润,那么进行风险分析将毫无意义,因此,螺旋模型只适合于大规模软件项目。

(3) 软件开发人员应该擅长寻找可能的风险,准确地分析风险,否则将会带来更大的风险。

5. 喷泉模型

喷泉模型(Fountain Model)与传统的结构化生存期相比,具有更多的增量和迭代性质,生存期的各个阶段可以相互重叠和多次反复,而且在项目的整个生存期中还可以嵌入子生存期。就像水喷上去又可以落下来,可以落在中间,也可以落在最底部。

综上,对各种模型的优点和缺点进行分析:

(1) 瀑布模型是文档驱动的,系统可能不满足客户的需求。

(2) 快速原型模型关注满足客户需求,可能导致系统设计差、效率低,难于维护。

(3) 增量模型开发早期反馈及时、易于维护,需要开放式体系结构,可能会设计差、效率低。

(4) 螺旋模型是风险驱动的,风险分析人员需要有经验且经过充分训练。

3.4.6　软件的质量

软件质量是指软件系统或系统中的软件部分的质量,需要满足用户需求,包括功能需求和性能需求。

1. 软件质量评价标准

(1) 质量需求准则,着眼点是是否满足用户的要求。

(2) 质量设计准则,开发者在设计实现时是否按软件需求保证了质量。

(3) 质量度量准则,为质量度量规定一些检查项目,如精密度量、全面度量和简易度量。

2. 软件质量保证

软件质量保证是建立一套有计划、有系统的方法,来向管理层保证拟定出的标准、步骤、实践和方法能够正确地被所有项目所采用。

软件质量保证的目的是使软件过程对于管理人员来说是可见的。它通过对软件产品和活动进行评审和审计来验证软件是合乎标准的。软件质量保证组在项目开始时就一起参与建立计划、标准和过程。这些将使软件项目满足机构方针的要求。

3. 软件质量保证的基本目标

(1) 软件质量保证工作是有计划进行的。

（2）客观地验证软件项目产品和工作是否遵循恰当的标准、步骤和需求。

（3）将软件质量保证工作及结果通知给相关组别和个人。

（4）高级管理层接触到在项目内部不能解决的不符合类问题。

4. 软件质量保证包含的内容

（1）一种质量管理方法。

（2）有效的软件工程技术（方法和工具）。

（3）在整个软件过程中采用的正式技术评审。

（4）一种多层次的测试策略。

（5）对软件文档及其修改的控制。

（6）保证软件遵从软件开发标准。

（7）度量和报告机制。

5. 软件质量保证的工作内容和工作方法

1）计划

针对具体项目制定软件质量保证（Software Quality Assurance，SQA）计划，确保项目组正确执行过程。制定 SQA 计划时应当注意如下几点：

（1）有重点，依据企业目标以及项目情况确定审计的重点。

（2）明确审计内容，明确审计哪些活动、哪些产品。

（3）明确审计方式，确定怎样进行审计。

（4）明确审计结果报告的规则，审计的结果报告给谁。

2）审计/证实

依据软件质量保证计划进行软件质量保证审计工作，按照规则发布审计结果报告。注意审计一定要有项目组人员陪同，不能搞突然袭击。双方要开诚布公，坦诚相对。审计的内容包括是否按照过程要求执行了相应活动，是否按照过程要求产生了相应产品。

3）问题跟踪

对审计中发现的问题，要求项目组改进并跟进直到解决。

3.4.7 软件可靠性

可靠性的统计定义是在给定的环境和给定的时间间隔内，按设计要求成功运行程序的概率。软件可靠性的主要指标有平均故障间隔时间（Mean Time Between Failure，MTBF）、平均故障时间（Mean Time To Failure，MTTF）和平均修复时间（Mean Time To Recovery，MTTR）。其中 MTBF ＝ MTTF ＋ MTTR。

目前对于软件可靠性的数学理论研究进行了一系列的理论尝试，产生了一些有希望的可靠性模型，主要包括可靠性增长模型、依据程序内部特性的模型和植入模型等。

3.4.8 软件测试与维护

1. 软件测试

软件测试就是利用测试工具按照测试方案和流程对产品进行功能和性能测试，甚至根据需要编写不同的测试工具，设计和维护测试系统，对测试方案可能出现的问题进行分析和评估。执行测试用例后，需要跟踪故障以确保开发的产品适合需求。

软件测试主要工作内容是验证和确认。验证是保证软件正确地实现一些特定功能的一系列活动,它包括:

(1) 确定软件生存周期中的一个给定阶段的产品是否达到前阶段确立的需求的过程。

(2) 程序正确性的形式证明,即采用形式理论证明程序符合设计规约规定的过程。

(3) 评审、审查、测试、检查、审计等各类活动,或对某些项处理、服务或文件等是否和规定的需求相一致进行判断和提出报告。

确认(Validation)是一系列的活动和过程,目的是想证实在一个给定的外部环境中软件的逻辑正确性。它包括:

(1) 静态确认,不在计算机上实际执行程序,通过人工或程序分析来证明软件的正确性。

(2) 动态确认,通过执行程序做分析,测试程序的动态行为,以证实软件是否存在问题。

软件测试的对象不仅是程序测试,软件测试应该包括整个软件开发期间各个阶段所产生的文档,如需求规格说明、概要设计文档、详细设计文档,当然软件测试的主要对象还是源程序。

软件测试的分类有不同的划分方法。从是否关心软件内部结构和具体实现的角度划分为白盒测试、黑盒测试和灰盒测试;从是否执行程序的角度分为静态测试和动态测试;从软件开发的过程阶段划分有单元测试、集成测试、确认测试、系统测试和验收测试。

软件的测试过程按 5 个步骤进行,即单元测试、集成测试、确认测试、验收测试和系统测试。

1) 单元测试

单元测试又称模块测试,是针对软件设计的最小单位(程序模块)进行正确性检验的测试工作。其目的在于发现各模块内部可能存在的各种差错。单元测试需要从程序的内部结构出发设计测试用例。多个模块可以平行地独立进行单元测试。

(1) 单元测试的内容

在单元测试时,测试者需要依据详细设计说明书和源程序清单,了解该模块的输入和输出条件和模块的逻辑结构,主要采用白盒测试的测试用例,辅之以黑盒测试的测试用例,使之对任何合理的输入和不合理的输入,都能鉴别和响应。主要包括:

① 模块接口测试

② 局部数据结构测试

③ 路径测试

④ 错误处理测试

⑤ 边界测试

(2) 单元测试的步骤

模块并不是一个独立的程序,在考虑测试模块时,同时要考虑它和外界的联系,用一些辅助模块去模拟与被测模块相联系的其他模块。辅助模块包括驱动模块、桩模块(或存根模块)。如果一个模块要完成多种功能,可以将这个模块看成由几个小程序组成。必须对其中的每个小程序先进行单元测试要做的工作,对关键模块还要做性能测试。对支持某些标准规程的程序,更要着手进行互联测试。有人把这种情况称为模块测试,以区别单元测试。

2) 集成测试

通常,在单元测试的基础上,需要将所有模块按照设计要求组装成系统。这时需要考虑的问题是:

（1）在把各个模块连接起来的时候，穿越模块接口的数据是否会丢失。

（2）一个模块的功能是否会对另一个模块的功能产生不利的影响。

（3）各个子功能组合起来，能否达到预期要求的父功能。

（4）全局数据结构是否有问题。

（5）单个模块的误差累积起来是否会放大，从而达到不能接受的程度。

在单元测试的同时可进行集成测试，发现并排除在模块连接中可能出现的问题，最终构成要求的软件系统。子系统的集成测试也称为部件测试，它所做的工作是要找出集成后的子系统与系统需求规格说明之间的不一致。通常把模块集成为系统的方式有两种，一次性集成方式和增殖式集成方式。

3）确认测试

确认测试又称有效性测试。其任务是验证软件的功能和性能及其他特性是否与用户的要求一致。对软件的功能和性能要求在软件需求规格说明书中已经明确规定。它包含的信息就是软件确认测试的基础。

在测试过程中，除了考虑软件的功能和性能外，还应对软件的可移植性、兼容性、可维护性、错误的恢复功能等进行确认。

确认测试应交付的文档有确认测试分析报告、最终的用户手册和操作手册、项目开发总结报告。

（1）进行有效性测试（黑盒测试）

有效性测试是在模拟的环境（可能就是开发的环境）下，运用黑盒测试的方法，验证被测软件是否满足需求规格说明书列出的需求。

首先制定测试计划，规定要做测试的种类。还需要制定一组测试步骤，描述具体的测试用例。

通过实施预定的测试计划和测试步骤，确定：

① 软件的特性是否与需求相符；

② 所有的文档都是正确的且便于使用；

③ 对其他软件需求，例如可移植性、兼容性、出错自动恢复、可维护性等，也都要进行测试。

在全部软件测试的测试用例运行完后，所有的测试结果可以分为两类：

① 测试结果与预期的结果相符。这说明软件的这部分功能或性能特征与需求规格说明书相符合，从而这部分程序被接受。

② 测试结果与预期的结果不符。这说明软件的这部分功能或性能特征与需求规格说明不一致，因此要为它提交一份问题报告。

（2）软件配置复查

软件配置复查的目的是保证：①软件配置的所有成分都齐全；②各方面的质量都符合要求；③具有维护阶段所必需的细节；④已经编排好分类的目录。

4）验收测试

在通过了系统的有效性测试及软件配置审查之后，就应该开始系统的验收测试。验收测试是以用户为主的测试。软件开发人员和质量保证人员也应参加。由用户参加设计测试用例，使用生产中的实际数据进行测试。

5）系统测试

系统测试是将通过确认测试的软件,作为整个基于计算机系统的一个元素,与计算机硬件、外设、某些支持软件、数据和人员等其他系统元素结合在一起,在实际运行环境下,对计算机系统进行一系列的组装测试和确认测试。系统测试的目的在于通过与系统的需求定义作比较,发现软件与系统的定义不符合或与之矛盾的地方。

2. 软件维护

软件维护主要是指根据需求变化或硬件环境的变化对应用程序进行部分或全部的修改,修改时应充分利用源程序。修改后要填写程序修改登记表,并在程序变更通知书上写明新旧程序的不同之处。软件维护主要分为以下 4 种类型:

1）改正性维护

是指改正在系统开发阶段已发生而系统测试阶段尚未发现的错误。这方面的维护工作量要占整个维护工作量的 17%～21%。所发现的错误有的不太重要,不影响系统的正常运行,其维护工作可随时进行;有的错误非常重要,甚至影响整个系统的正常运行,其维护工作必须制定计划,进行修改,并且要进行复查和控制。

2）适应性维护

是指使软件适应信息技术变化和管理需求变化而进行的修改。这方面的维护工作量占整个维护工作量的 18%～25%。由于目前计算机硬件价格的不断下降,各类系统软件不断升级和更新,用户常常为改善系统硬件环境和运行环境而产生系统更新换代的需求;企业的外部市场环境和管理需求的不断变化也使得各级管理人员不断提出新的信息需求。这些因素都将导致适应性维护工作的产生。进行这方面的维护工作也要像系统开发一样,有计划、有步骤地进行。

3）完善性维护

这是为扩充功能和改善性能而进行的修改,主要是指对已有的软件系统增加一些在系统分析和设计阶段中没有规定的功能与性能特征。另外,还包括对处理效率和编写程序的改进,这方面的维护占整个维护工作的 50%～60%,关系到系统开发质量。这方面的维护除了要有计划、有步骤地完成外,还要注意将相关的文档资料加入到前面相应的文档中去。

4）预防性维护

为了改进应用软件的可靠性和可维护性,为了适应未来的软硬件环境的变化,应主动增加预防性的新功能,以使应用系统适应各类变化而不被淘汰。例如将专用报表功能改成通用报表生成功能,以适应将来报表格式的变化。这方面维护工作量占整个维护工作量的 4%左右。

3.5　本章小结

本章对计算机系统中的软件部分做了简要介绍。硬件是整个计算机系统的基础,但是直接操作又是非常困难的。为了用户更方便地使用计算机同时也是为了有效地管理系统中的资源,使资源能够有比较高的利用率,计算机需要安装操作系统软件。操作系统软件负责对计算机的资源进行管理,包括处理机管理、存储器管理、设备管理和文件管理。同时操作系统也负责给用户提供使用计算机的接口,主要包括用户接口和程序接口。目前使用最广泛的操作系统是 Linux 操作系统和 Windows 操作系统。开发计算机程序需要相应的开发工具,最基本的开发工具就是程序设计语言。按照计算机语言的发展过程,计算机语言可以分为机器语言、汇编语言和高级语言。机器语言和汇编语言属于低级语言,程序运行速度快,但是开发效率不高。目前主要使用的是高级语言,高级语言又可以分为面向过程的语言和面向对象的语言。面向过程的语言主要使用过程分析法进行开发;面向对象语言使用对象范式描述开发程序。由于软件和硬件具有不同的特性,当软件发展到一定的阶段产生了软件危机。为了应对软件危机,科学家们提出了软件工程的概念。软件工程提倡以工程的方式开发软件,并建立了相应的规范,包括软件可靠性、软件开发模型、软件测试、软件维护等。

习　题　3

一、选择题

1. 下面哪一个是多道批处理系统的缺点(　　)。
   - A. 资源利用率高
   - B. 系统吞吐量大
   - C. 人机交互能力
   - D. 共享资源
2. 下面哪一个不是存储管理的功能(　　)。
   - A. 内存保护
   - B. 内存分配
   - C. 地址映射
   - D. 文件管理
3. 下面哪一个不是实时系统的特征(　　)。
   - A. 多路性
   - B. 及时性
   - C. 可靠性
   - D. 人机交互
4. 计算机能直接识别的语言是(　　)。
   - A. 机器语言
   - B. 汇编语言
   - C. 高级语言
   - D. 人类语言
5. 软件被作为一系列的增量构件来设计、实现、集成和测试的模型是(　　)。
   - A. 瀑布模型
   - B. 增量模型
   - C. 螺旋模型
   - D. 喷泉模型

二、填空题

1. 软件的发展受到应用和硬件发展的推动和制约,其发展过程大致可分为_____、_____、_____。

2. 计算机软件系统主要分为_____、_____和_____。

3. 对于单 CPU 而言,操作系统并发性是指在同一个时间段内同时执行多个任务,即允许多个任务在宏观上_____,微观上仍是_____。

4. 进程执行时的间断性决定了进程可能具有多种状态,主要有_____、_____、_____。

5. 按照计算机程序设计语言的发展阶段,其主要分为_____、_____、_____。

三、简答题

1. 什么是软件?软件的分类是怎样的?
2. 什么是计算机操作系统?它具有的基本功能和分类是怎样的?
3. 什么是程序设计?程序设计的基本过程是怎样的?
4. 什么是软件生命周期?
5. 软件开发模型有哪些?
6. 什么是软件测试?软件测试的过程是怎样的?

第4章
数据结构与算法基础

本章学习目标

- 掌握数据结构的基础知识;
- 掌握算法的基本概念和算法的表示;
- 熟悉常用的基本算法。

4.1 基 本 概 念

计算机加工处理的对象由早期的数值型数据发展到字符、表格和图像等各种具有一定结构的数据,这就给程序设计带来一些新的问题,如数据元素在存储器中的分配问题及各个数据元素之间存在的关系。

数据是指所有能输入到计算机中,且能被计算机程序处理的符号的总称。数据元素是数据结构中讨论的基本单位,一个数据元素由若干个数据项组成,数据项是数据的不可分割的最小单位。有两类数据元素:一类是不可分割的原子型数据元素,如:整数"5",字符"N"等;另一类是由多个款项构成的数据元素,其中每个款项被称为一个数据项。例如描述一个学生信息的数据元素可由下列 6 个数据项组成。其中的出生日期又可以由三个数据项:"年"、"月"和"日"组成,则称"出生日期"为组合项,而其他不可分割的数据项为原子项。数据对象是性质相同的数据元素的集合,是数据的一个子集。数据处理是指对数据进行查找、插入、删除、合并、排序、统计以及简单计算等操作过程。

数据结构是计算机存储、组织数据的方式,是指相互之间存在一种或多种特定关系的数据元素的集合。一个数据结构有两个要素。一个是数据元素的集合,另一个是关系的集合。在形式上,数据结构通常可以采用一个二元组来表示。

Data Structure ＝(D,R),其中 D 是数据元素的有限集,R 是 D 上关系的有限集。

通常,精心选择的数据结构可以带来更高的运行或者存储效率。数据结构包括逻辑结构和物理结构。在讨论数据结构时,从逻辑上分为线性结构和非线性结构。一个数据结构是由数据元素依据某种逻辑联系组织起来的,对数据元素间逻辑关系的描述称为数据的逻辑结构。数据必须在计算机内存储,数据的存储结构是数据结构的实现形式,是其在计算机内的表示,称为物理结构。

1. 逻辑结构

选择了数据结构,针对解决这一问题的算法也随之确定,数据(而不是算法)是软件系统构造的关键因素。数据结构不同于数据类型,也不同于数据对象,它不仅要描述数据类型的数据对象,而且要描述数据对象各元素之间的相互关系。

根据数据元素间关系的不同特性,通常有下列 4 类基本的结构,如图 4.1 所示。

1) 集合结构

该结构的数据元素间的关系是属于同一个集合。

2) 线性结构

该结构的数据元素之间存在着一对一的关系。

3) 树型结构

该结构的数据元素之间存在着一对多的关系。

4) 图形结构

该结构的数据元素之间存在着多对多的关系,也称网状结构。

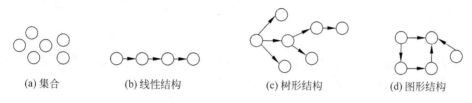

(a) 集合 (b) 线性结构 (c) 树形结构 (d) 图形结构

图 4.1 数据元素之间的逻辑结构

2. 物理结构

数据的存储结构是数据在计算机内的表示或实现,也称为数据的逻辑映像,即物理结构,包括数据元素的表示和关系的表示。在计算机内有 4 种基本的存储表示方法。如图 4.2 所示。

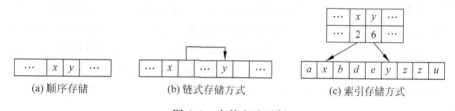

(a) 顺序存储 (b) 链式存储方式 (c) 索引存储方式

图 4.2 存储方法示例

1) 顺序存储方法

顺序存储的特点是借助数据元素在存储器中的相对位置来表示数据元素之间的逻辑关系。它主要应用于线性结构,非线性的数据结构也可以通过某种线性化的过程后,进行顺序存储。

2) 链式存储方法

链式存储方法不要求逻辑上相邻的数据元素(即节点)在物理位置上也是相邻的,而是由附加的指针来表示节点间的逻辑关系。即在链式存储方法中不仅要存储节点的值,而且还要存储节点间的关系。每个节点由两个部分组成,一是存储节点本身的值,称为数据域;另一个是存储该节点的前驱节点或者后继节点的存储单元地址,称为指针域(包含一个或多个指针)。

3) 索引存储方法

索引存储方法不仅存储节点信息,还要建立一个附加的索引表,利用索引表中索引项的值来确定节点的实际存储单元地址。索引表中的每一项称为索引项,索引项的一般形式是关键字和地址,关键字能唯一标识一个节点。

4) 散列存储方法

该方法把节点关键字作为自变量,通过散列函数(或称哈希函数)和解决冲突的方法将关键字散列在连续、有限的地址空间内,通过计算确定出该节点所在的存储地址。

以上 4 种存储方法既可以单独使用,也可以组合起来对数据结构进行存储。采用哪种存储方法来表示数据元素的逻辑结构,要根据具体情况进行选择,主要考虑的是数据的运算是否方便及相应算法的时间和空间复杂度的要求。

4.2 线 性 表

4.2.1 线性表的概念

线性表是最简单、最基本,也是最常用的一种线性结构。线性表是具有相同数据类型的 $n(n \geqslant 0)$ 个数据元素的有限序列,通常记为:

$$(a_1, a_2, \cdots, a_i - 1, a_i, a_i + 1, \cdots, a_n)$$

其中 n 为表长,$n=0$ 时称为空表。它有两种存储方式,顺序存储和链式存储,它的主要操作是插入、删除和检索等。

4.2.2 线性表的顺序存储

1. 顺序存储

线性表的顺序存储是指用一组地址连续的存储单元依次存放线性表的数据元素。它的特点是线性表中相邻的元素在内存中的存储位置也是相邻的。由于线性表中的所有数据元素属于同一类型,所以每个元素在存储器中所占的空间大小相同。假设线性表中每个元素占用 k 个存储单元,并以所占的第一个单元的存储地址作为数据元素的存储位置。则线性表中第 $i+1$ 个数据元素的存储位置 $\text{LOC}(a_i+1)$ 和第 i 个数据元素的存储位置 $\text{LOC}(a_i)$ 之间满足如下关系:

$$\text{LOC}(a_{i+1}) = \text{LOC}(a_i) + k$$

一般来说,线性表的第 i 个数据元素 a_i 存储位置为:

$$\text{LOC}(a_i) = \text{LOC}(a_1) + (i-1) \times k$$

式中 $\text{LOC}(a_1)$ 是线性表的第一个数据元素 a_1 的存储位置,通常称作线性表的起始位置或基地址。

线性表中任一数据元素都可随机存取,所以线性表的顺序存储结构是一种随机存取的存储结构。在程序设计中,一维数组就是线性表的一种典型应用。线性表的顺序存储结构示意图如图 4.3 所示。

存储地址	内存空间	逻辑地址
$\text{Loc}(a_1)$	a_1	1
$\text{Loc}(a_1)+(2-1)k$	a_2	2
…	…	…
$\text{Loc}(a_1)+(i-1)k$	a_i	3
…	…	…
$\text{Loc}(a_1)+(n-1)k$	a_n	n
…	…	
$\text{Loc}(a_1)+(\text{maxlen}-1)k$		

图 4.3 线性表的顺序存储结构示意图

2. 线性表的操作

1) 插入节点操作

线性表的插入操作是指在线性表的第 $i-1$

个数据元素和第 i 个数据元素之间插入一个新的数据元素,就是要使长度为 n 的线性表 $(a_1,\cdots,a_{i-1},a_i,\cdots,a_n)$ 变成长度为 $n+1$ 的线性表 $(a_1,\cdots,a_{i-1},x,a_i,\cdots,a_n)$,数据元素 a_{i-1} 和 a_i 之间的逻辑关系发生了变化。

插入操作的算法思想是:

(1) 检查 i 值是否超出所允许的范围($1\leqslant i\leqslant n+1$),若超出,则进行错误处理;

(2) 否则,将线性表的第 i 个数据元素和它后面的所有数据元素均向后移动一个位置;

(3) 将新的数据元素写入到空出的第 i 个位置上;

(4) 使线性表的长度增加 1。

例如:已知线性表 $(5,7,15,29,30,31,31,51,65)$,需在第 4 个数据元素之前插入一个新的数据元素"21"。则需要将最后一个元素到第 4 个位置的数据元素依次后移一个位置,然后将"21"插入到第 4 个位置,成为新的线性表 $(5,7,15,21,29,30,31,31,51,65)$。

2) 删除节点操作

删除操作是指删除线性表中的第 i 个数据元素,线性表的逻辑结构由 $(a_1,\cdots,a_{i-1}, a_i,\cdots,a_n)$ 变成长度为 $n-1$ 的 $(a_1,\cdots,a_{i-1},a_{i+1},\cdots,a_n)$。

(1) 检查 i 值是否超出所允许的范围($1\leqslant i\leqslant n$),若超出,则进行错误处理;

(2) 否则,将线性表的第 i 个元素后面的所有元素均向前移动一个位置;

(3) 使线性表的长度减 1。

例如:已知线性表 $(5,7,15,29,30,31,31,51,65)$,删除第 4 个数据元素 29。则需要将第 5 个位置到第 9 个位置的数据元素依次前移一个位置,成为新的线性表 $(5,7,15,30,31,31,51,65)$。

3) 查找节点操作

查找操作是指在线性表中按值查找与给定值 x 相等的数据元素,也可按序号查找线性表中的数据元素。算法思想如下:

(1) 从第一个数据元素 a_1 起依次和 x 比较,直至找到一个与 x 相等的数据元素,则返回它在顺序表中的存储下标或序号。

(2) 如果没有找到,则返回 -1。

4.2.3 线性表的链式存储

1. 链式存储

对线性表进行插入、删除操作时需要通过移动数据元素来实现,影响运行效率。为了克服这一缺点,可以采用链接方式存储线性表。通常我们将采用链式存储结构的线性表称为链表。从实现角度看,链表可分为动态链表和静态链表;从链接方式的角度看,链表可分为单链表、循环链表和双链表。链式存储是最常用的存储方法之一,它不仅可以用来表示线性表,而且可以用来表示各种非线性的数据结构。

2. 单链表的操作

链表是用一组任意的存储单元来存放线性表的节点,这组存储单元可以是连续的,也可以是非连续的,甚至是零散分布在内存的任何位置上。因此,链表中节点的逻辑次序和物理次序不一定相同。

为了正确地表示节点间的逻辑关系,必须在存储线性表的每个数据元素值的同时,还要存储指示其后继节点的地址(或位置)信息,这两部分信息组成的存储映象叫做节点。它包括两个域,分别是数据域和指针域。数据域用来存储节点的值,而指针域用来存储数据元素的直接后继地址(或位置)。

链表正是通过每个节点的指针域将线性表的 n 个节点按其逻辑顺序链接在一起的。由于链表的每个节点只有一个指针域,故将这种链表称为单链表。由于单链表中每个节点的存储地址是存放在其前趋节点的指针域中的,而第一个节点无前趋,所以应设一个头指针 H 指向第一个节点。同时,由于表中最后一个节点没有直接后继,则指定线性表中最后一个节点的指针域为"空"(NULL)。这样对于整个单链表的存取必须从头指针开始。

单链表的存储结构如图 4.4 所示。

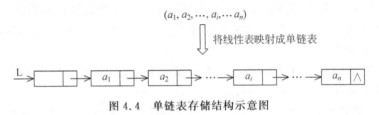

图 4.4　单链表存储结构示意图

1) 单链表的插入操作

在一个单链表中插入一个节点有以下三种情况。

(1) 将新节点作为单链表的头节点,新节点的指针域存储原头节点指针,新的头节点指针指向插入节点。

(2) 将新节点插入在单链表尾端,将最后一个节点的指针域指向新节点,新节点指针域为"空"(NULL),即可完成插入操作。

(3) 将新节点插入到单链表的中间节点 P 后。首先,在新节点 S 的指针域中存放节点 P 的后继节点的地址,然后修改节点 P 的指针值,令其存放节点 S 的地址,即完成了插入操作。如图 4.5 所示。

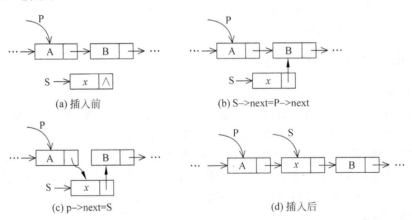

图 4.5　在单链表中插入节点过程

2) 单链表节点的删除

从单链表中删除值为 x 的节点,它的前驱节点指针为 P。删除运算就是改变被删除节点的前驱节点的指针域的值,即将被删节点的指针域的值赋给其前驱节点 P 的指针域。如

图 4.6 所示。

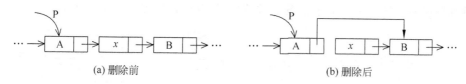

(a) 删除前   (b) 删除后

图 4.6 在单链表中删除节点过程

3. 双链表的操作

双链表中用任意一组存储单元存放线性表的元素，每个节点通过两个指针分别指向前趋和后继节点。这组存储单元可以连续也可以不连续，所以双链表不具有随机存取特性。双链表存储结构如图 4.7 所示。

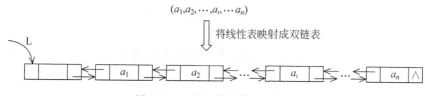

图 4.7 双链表存储结构示意图

双链表的特点是通过头节点（带头节点的双链表）或首节点指针来标识一个双链表；从任一节点出发，可以访问该节点，通过 prior 指针访问前趋，通过 next 指针访问后继节点。因此删除一个节点只须查找到该节点即可删除。

1）双链表的插入操作

例如在双链表中 P 所指的节点之后插入一个 * S 节点，其指针变化过程如图 4.8 所示。

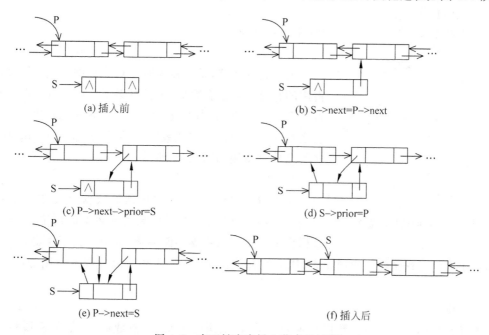

(a) 插入前   (b) S->next=P->next

(c) P->next->prior=S   (d) S->prior=P

(e) P->next=S   (f) 插入后

图 4.8 在双链表中插入节点的过程

2）双链表的删除操作

例如删除双链表 L 中 ＊P 节点的后继节点，指针变化过程如图 4.9 所示。

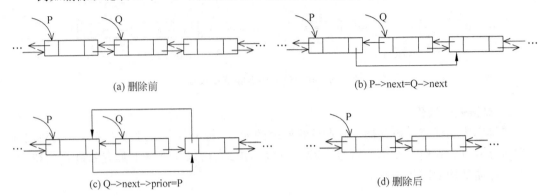

(a) 删除前　　　　　　　　　　　　(b) P->next=Q->next

(c) Q->next->prior=P　　　　　　　(d) 删除后

图 4.9　在双链表中删除节点过程

4.3　栈、队列和数组

4.3.1　栈及其操作

1. 栈的定义

栈（或称堆栈）是一类特殊的线性表，它只能在指定的一端进行插入或删除操作，这一端称为栈顶，另一端则称为栈底。没有数据元素的堆栈称为空栈。它按照后进先出的方式存储数据，先进入的数据被压入栈底，最后进入的数据在栈顶，在读取数据的时候从栈顶开始弹出数据。

2. 栈的操作

对栈的基本操作主要有：入栈、出栈和判断。

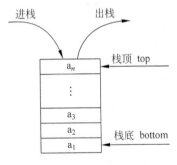

图 4.10　栈的结构示意图

1）入栈

入栈也叫压栈，是在栈顶添加新的数据元素，由于栈所占用的存储单元是有限的，入栈时必须保证堆栈空间未满，否则会产生溢出，称为上溢。溢出会破坏其他程序的数据，造成程序执行异常。在把数据入栈后，栈顶指针 top 加 1。栈的结构示意图如图 4.10 所示。

2）出栈

出栈也叫退栈或弹栈，将栈顶的数据元素弹出并传递给用户程序，此时栈顶数据是原栈顶数据的后继数据。出栈操作要保证栈内数据不能为空，否则也会产生溢出，称为下溢。出栈的过程是删除栈顶元素，栈顶指针 top 减 1。入栈和出栈过程示意图如图 4.11 所示。

3）判断

判断操作用来检查栈内数据是否为空，返回结果是逻辑值（真或假）。如果栈顶和栈底重合则栈为空。在对栈初始化时，栈顶指针初始值指向栈底，即 top＝－1 可以作为栈空的

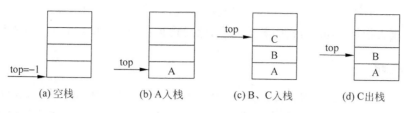

图 4.11 入栈和出栈过程示意图

标记。

3. 栈的链式存储

栈的链式存储结构也叫链栈,它是运算受限制的单链表,其插入和删除操作只能在单链表的表头进行,因此不用再附加头节点。链栈的栈顶指针就是链表的头指针。指针 top 作为栈顶指针,唯一地确定一个链栈。当 top＝NULL 时,该链栈是空栈。链栈的结构示意图如图 4.12 所示。

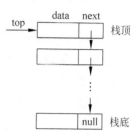

图 4.12 链栈结构示意图

4.3.2 队列及其操作

1. 队列的定义

队列是一种特殊的线性表,它只允许在表的前端(front)进行删除操作,而在表的后端(rear)进行插入操作。进行插入操作的端称为队尾,进行删除操作的端称为队头。队列中没有元素时,称为空队列。队列是一种"先进先出"的数据结构,在操作系统的进程调度管理、网络数据包的存储转发等领域广泛使用。队列分为顺序队列、循环队列和链队列,这里主要介绍顺序队列及其基本操作。

2. 顺序队列及操作

队列的顺序存储结构称为顺序队列,顺序队列实际上是运算受限的顺序表。和顺序表一样,顺序队列用一个向量空间来存放当前队列中的元素。由于队列的队头和队尾的位置是变化的,设置两个指针 front 和 rear 分别指向队头元素和队尾元素在向量空间中的位置,它们的初值在队列初始化时均应置为 0。队列的出队与入队过程如图 4.13 所示。

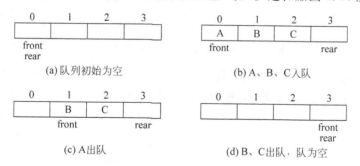

图 4.13 队列的入队和出队示意图

顺序队列的基本操作有入队和出队等。

1) 入队

入队时将新的数据元素插入指针 rear 所指的位置,然后将指针 rear 加 1。

2) 出队

出队时删去指针 front 所指的数据元素,然后将指针 front 加 1 并返回被删数据元素。

4.3.3 数组

在程序设计中,为了处理方便,把具有相同类型的若干变量按有序的形式组织起来。这些按序排列的同类数据元素的集合称为数组。在 C 语言中,数组属于构造数据类型。一个数组可以分解为多个数组元素,这些数组元素可以是基本数据类型或是构造类型。因此按数组元素的类型不同,数组又可分为数值数组、字符数组、指针数组、结构数组等各种类型。如果按数组的下标个数分类,数组可以分为一维数组、二维数组和多维数组。下面主要介绍一维数组、二维数组的基本知识。

1. 一维数组的定义和使用

在 C 语言中,数组必须先定义后使用。一般数组的定义方式为:

类型说明 数组名[常量表达式];

其中,类型说明是指该数组中每个元素的数据类型。数组名是用户定义的数组名称,要符合所用语言的标识符命名规则。方括号中的常量表达式表示该数组所具有的元素个数,即数组长度。

例如:

```
int a[10];                    //定义了一个整型数组 a,有 10 个整形数据元素
char ch[20];                  //定义了一个字符型数组 ch,有 20 个字符型数据元素
```

类型说明符是指数组中元素的数据类型,对于同一个数组,其所有元素的数据类型是相同的。数组名即是该数组在存储器中的首地址,为数组中第一个元素的地址,访问后面的元素可以使用相应的偏移量。数组中的每个元素都可以作为一个单独的变量或者常量,如定义了一个数组 int a[4],使用时可以作为 a[0],a[1],a[2],a[3]。数组元素的下标通常从 0 开始,最大值是数组长度减 1。使用数组元素时下标可以是常量、变量或表达式。

一维数组的初始化需要通过程序的循环结构依次对数组元素赋值来实现,也可以在定义时进行初始化。其格式如下:

类型说明 数组名[常量表达式] = {值 1,值 2,值 3,…,值 n};

其中在大括号中的值即为数组元素的值,n 与数组长度不一定相等。当大括号中的初始值少于数组长度时,这些值只给数组前面的元素赋值。

例如:

```
int a[5] = {0,1,2,3,4};
```

则相当于 a[0]=0,a[1]=1,a[2]=2,a[3]=3,a[4]=4。

2. 二维数组的定义和使用

二维数组的定义的一般形式是:

类型说明 数组名[常量表达式 1][常量表达式 2];

其中常量表达式 1 表示第一维的长度,常量表达式 2 表示第二维的长度。

例如:

int a[2][3];

它定义了一个数组名为 a 的两行三列的整形二维数组。总共有 6 个数组元素。二维数组在概念上虽是二维,其下标在两个方向上变化,数组元素在数组中的位置处于一个平面,而不像一维数组只是一个向量。由于实际的存储器是连续线性编址的,因此二维数组是按行顺序排列,即放完一行再放下一行。

在使用二维数组时,其表示形式是:

数组名[下标 1][下标 2]

例如二维数组 a[2][3]可以分解为两个一维数组,数组名分别是 a[0]和 a[1],每个一维数组又都有 3 个元素,如 a[0]的元素为 a[0][0],a[0][1],a[0][2]。

二维数组的赋值一般需要双重循环语句完成或者在定义时进行初始化赋值。在定义时初始化有 4 种形式:

1) 按行分段赋值

例如:

int a[2][3] = {{1,2,3},{4,5,6}};

对于静态申请的数组空间,分为行优先和列优先地存储在线性的存储器空间中,其存储示意图如图 4.14 所示。

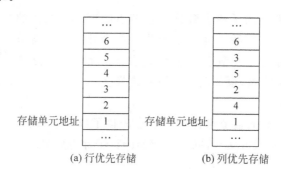

(a) 行优先存储   (b) 列优先存储

图 4.14 二维数组在线性存储器中的存储示意图

2) 按行连续赋值

例如:

int a[2][3] = {1,2,3,4,5,6};

3) 部分赋值

可以给部分元素赋初值,未赋值的元素自动取 0 值。例如:

int a[2][3]＝{{1},{2},{3}},则各元素的值为:

1 0 0
2 0 0
3 0 0

4) 如果给全部元素赋值,则第一排的长度可以不用给出。

例如:

```
int a[2][3] = {1,2,3,4,5,6};
```

写为:

```
int a[ ][3] = {1,2,3,4,5,6};
```

4.4　树、二叉树和图

4.4.1　树

1. 树的定义

树是包含 $n(n \geq 0)$ 个节点的有穷集合 K,且在 K 中定义了一个关系 N,N 满足以下条件:

(1) 有且仅有一个节点 K_0,它对于关系 N 来说没有前驱,称 K_0 为树的根节点,简称为根(root)。

(2) 除 K_0 外,K 中的其余节点,对于关系 N 来说有且仅有一个前驱。

(3) K 中各节点,对关系 N 来说可以有 m 个后继($m \geq 0$)。

通过定义可以看到,树的结构是一种层次关系。一个典型的树的结构如图 4.15 所示。

2. 关于树的基本术语

1) 节点的度

树中的一个节点拥有的子树个数称为该节点的度。一棵树的度是指该树中节点的最大度数。度为零的节点称为叶子或终端节点。度不为零的节点称为分支节点或非终端节点。除根节点之外的分支节点统称为内部节点,根节点又称为开始节点。

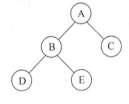

图 4.15　树的基本结构
示意图

2) 孩子和双亲

树中某个节点的子树的根节点称为该节点的孩子或儿子,相应地,该节点称为孩子的双亲或父亲,同一个双亲的孩子称为兄弟。

3) 祖先和子孙

若树中存在一个节点序列 $k_1, k_2, \cdots, k_j$,使得 k_i 是 k_{i+1} 的双亲($1 \leq i < j$),则称该节点序列是从 k_i 到 k_j 的一条路径或道路。路径的长度指路径所经过的边(即连接两个节点的线段)的数目,等于 $j-1$。

若树中节点 k 到 k_m 存在一条路径,则称 k 是 k_m 的祖先,k_m 是 k 的子孙。一个节点的祖先是从根节点到该节点路径上所经过的所有节点,而一个节点的子孙则是以该节点为根的子树中的所有节点。

4) 节点的层数(Level)和树的高度(Height)

节点的层数从根开始,根的层数为 1,其余节点的层数等于其双亲节点的层数加 1。树中节点的最大层数称为树的高度或深度。

5) 有序树和无序树

若将树中每个节点的各子树看成是从左到右有次序的(即不能互换),则称该树为有序树,否则称为无序树。通常讨论的树都是有序树。

6) 森林

森林是 $m(m \geqslant 0)$ 棵互不相交的树的集合。删去一棵树的根,就得到一个森林;反之,加上一个节点作树根,森林就变为一棵树。

3. 树形结构的逻辑特征

树形结构的逻辑特征可用树中节点之间的父子关系来描述:

(1) 树中任一节点都可以有零个或多个直接后继(即孩子)节点,但至多只能有一个直接前趋(即双亲)节点。

(2) 树中只有根节点无前趋,它是开始节点;叶节点无后继,它们是终端节点。

(3) 祖先与子孙的关系是对父子关系的延拓,它定义了树中节点之间的纵向次序。

(4) 有序树中,同一组兄弟节点从左到右有长幼之分。

4.4.2　二叉树

二叉树是每个节点最多有两个子树的有序树。通常子树的根被称作左子树和右子树。二叉树的每个节点至多只有二棵子树(不存在度大于 2 的节点),二叉树的子树有左右之分,次序不能颠倒。二叉树的第 i 层至多有 2 的 $i-1$ 次方个节点;深度为 k 的二叉树至多有 2^k-1 个节点;对任何一棵二叉树 T,如果其终端节点数(即叶子节点数)为 n_0,度为 2 的节点数为 n_2,则 $n_0 = n_2 + 1$。

树和二叉树的 2 个主要差别,一是树中节点的最大度数没有限制,而二叉树节点的最大度数为 2;二是树的节点无左、右之分,而二叉树的节点有左、右之分。

1) 完全二叉树

若设二叉树的高度为 h,除第 h 层外,其他各层的节点数都达到最大个数,第 h 层所有的节点都连续集中在最左边,这就是完全二叉树。如图 4.16 所示。

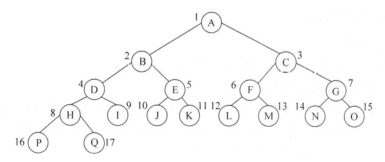

图 4.16　完全二叉树示意图

2) 满二叉树

除了叶子节点外,每一个节点都有左右叶子节点且叶子节点都处在最底层的二叉树。

4.4.3　图

图是一种网状数据结构,是定点集合 V 和连接这些定点的弧集(边集)VR 所组成的结构。记为 $G=(V,VR)$。

1）有向图

若图中的边是定点的有序对,则称此图为有向图。有向边又称为弧,通常用尖括号表示一条有向边,$<V_i,V_j>$表示从定点 V_i 到 V_j 的一段弧,V_i 称为边的始点(或弧尾),V_j 称为边的终点(或弧头),$<V_i,V_j>$ 和 $<V_j,V_i>$ 代表两条不同的弧。如图 4.17(a)所示。

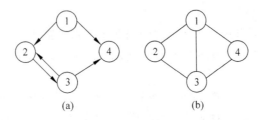

图 4.17   有向图和无向图

2）无向图

若图中的边是定点的无序对,则称此图为无向图。通常用圆括号表示无向边,(V_i,V_j) 表示定点 V_i 和 V_j 间相连的边。在无向图中 (V_i,V_j) 和 (V_j,V_i) 表示同一条边。如图 4.6(b)所示。

4.5   算法的概念和算法的表示

计算机在处理信息时,首先使用数据结构将各种数据组织起来,然后对数据进行处理。数据处理的过程实质上就是按照一定的方法和步骤对实际问题进行求解的过程。按照详细的方法和步骤使用计算机编程语言设计程序,最终转换成计算机能够直接执行的指令序列,完成实际任务要求。

4.5.1   算法的概念

1. 算法的定义

算法(Algorithm)是一系列解决问题的清晰指令,就是说,能够对满足一定规范的输入,在有限时间内获得所要求的输出。

不同的算法可能用不同的时间、空间或效率来完成同样的任务。算法可以理解为由基本运算及规定的运算顺序所构成的完整的解题步骤或者看成按照要求设计好的有限的确切的计算序列,并且这样的步骤和序列可以解决一类问题。

算法与数据结构是密切相关的。算法的设计取决于数据的逻辑结构,而算法的实现依赖于采用的存储结构。数据的存储结构实质上是它的逻辑结构在计算机存储器中的实现,为了全面地反映一个数据的逻辑结构,它在存储器中的映象包括两方面内容,即数据元素之间的信息和数据元素之间的关系。

2. 算法的特征

一个算法应该具有以下 5 个重要的特征:

1）有穷性

一个算法必须保证执行有限步骤之后结束。

2）确切性

算法的每一个步骤必须有确切的定义。

3）输入

一个算法有 0 个或多个输入，用来初始化运算对象。所谓 0 个输入是指算法本身给出了初始条件。

4）输出

一个算法有一个或多个输出，以反映对输入数据加工后的结果。没有输出的算法是毫无意义的。

5）可行性

算法原则上能够精确地运行，而且人们用笔和纸做有限次运算后也可以同样完成该算法。

3. 算法的衡量标准

同一问题可用不同的算法解决，而一个算法的质量优劣将影响到算法乃至程序的效率。算法分析的目的在于选择合适算法和改进算法。一个算法的评价主要从时间复杂度和空间复杂度来考虑。

1）时间复杂度

一个算法中的语句执行次数称为语句频度或时间频度，记为 $T(n)$。n 称为问题的规模，当 n 不断变化时，时间频度 $T(n)$ 也会不断变化。若有某个辅助函数 $f(n)$，使得当 n 趋近于无穷大时，$T(n)/f(n)$ 的极限值为不等于零的常数，则称 $f(n)$ 是 $T(n)$ 的同数量级函数。记作 $T(n)=O(f(n))$，称 $O(f(n))$ 为算法的渐进时间复杂度，简称时间复杂度。

在各种不同算法中，若算法中语句执行次数为一个常数，则时间复杂度为 $O(1)$，另外，在时间频度不相同时，时间复杂度也有可能相同，如 $T(n)=n^2+3n+4$ 与 $T(n)=4n^2+2n+1$ 的频度不同，但时间复杂度相同，都为 $O(n^2)$。

按数量级递增排列，常见的时间复杂度有：常数阶 $O(1)$，对数阶 $O(\log_2 n)$，线性阶 $O(n)$，线性对数阶 $O(n\log_2 n)$，平方阶 $O(n^2)$，立方阶 $O(n^3)$ 等。随着问题规模 n 的不断增大，上述时间复杂度不断增大，算法的执行效率越低。

2）空间复杂度

算法的空间复杂度是指算法需要消耗的空间资源。其计算和表示方法与时间复杂度类似，一般都用复杂度的渐近性来表示。同时间复杂度相比，空间复杂度的分析要简单得多。

4.5.2 算法的表示

算法是通过计算机程序实现的，而在算法设计过程中借助形式化的描述工具来描述算法，有利于问题的分析和求解。目前，无论用哪一种描述方式描述的算法都不能直接输入计算机加以执行。需要把算法变成用特定的计算机编程语言编写的程序，最终还是要转换成计算机能够识别的二进制代码。常用的算法描述方式有自然语言、流程图、伪代码等。

1. 自然语言

自然语言即人们日常使用的语言，如中文、英文等。由于自然语言具有二义性，通常很难清晰地描述算法。这也是在学习算法的过程中需要努力掌握的一个重要技巧。

一个著名的例子就是古希腊数学家欧几里德发现求两个正整数 A 和 B 的最大公约数问题，用自然语言描述为如下：

第一步：比较 A 和 B 这两个数，将 A 设置为较大的数，B 设置为较小的数；

第二步：A 除以 B，得到余数 C；

第三步：如果 C 等于 0，则最大公约数就是 B；否则将 B 赋值给 A，C 赋值给 B，重复进行第二步、第三步。

2. 流程图

流程图是一种描述算法或程序结构的图形工具。它是用规定的图形符号表示算法或程序中的各个要素。例如，用矩形框表示处理，用菱形表示判断，用平行四边形表示输入输出，用带有箭头的连线表示控制流程等。其符号表示如图 4.18 所示。

同样对于求最大公约数问题，用流程图表示该算法。如图 4.19 所示。

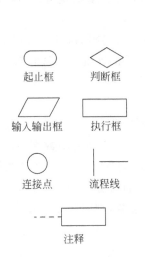

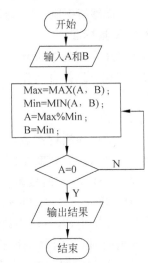

图 4.18　程序流程图图形符号的表示　　　图 4.19　求最大公约数算法流程图

3. 伪代码

伪代码是自然语言和类编程语言组成的混合结构。伪代码往往比自然语言更精确，用伪代码描述的算法会更简洁。同样对于求最大公约数问题，用伪代码表示该算法。

```
Euclid(m,n)
//使用欧几里得算法计算 gcd(m,n)
//输入：两个不全为 0 的非负整数 m,n
//输出：m,n 的最大公约数
while n!= 0 do
    r <— m mod n
    m <— n
    n <— r
return m
```

4.6　常用算法介绍

有一些算法在计算机科学中的应用非常普遍，称为基本算法。由于大多数算法关心的是对数据的操作，因此算法可分为用于非数值型数据处理的算法和用于数值型数据计算的算法。非数值型数据处理算法有排序和查找等；数值计算算法有级数计算、一元非线性方程求根和定积分计算等。下面主要介绍求和、排序和查找算法。

4.6.1 求和

求和算法能够容易地实现两个或三个数的相加，为了实现更多数的累加，需要使用循环结构，求和算法可分为三个步骤：

（1）首先将和 sum 初始化。

（2）循环，在循环中选加一个新的数到和 sum 上。

（3）退出循环后返回结果。

4.6.2 排序

将一个包含多个数据元素（或记录）的任意序列，重新排列成一个按关键字有序（递增/递减）的序列称为排序。设 n 个记录的序列为 $\{R_1, R_2, \cdots, R_n\}$，其相应关键字序列为 $\{K_1, K_2, \cdots, K_n\}$，这些关键字相互之间可以进行比较，即在它们之间存在着一种排序 $P_1, P_2, \cdots, P_n$，使其相应的关键字满足递增（升序）或递减（降序）的关系。

$$K_{P_1} \leqslant K_{P_2} \leqslant \cdots \leqslant K_{P_n}（递增） \quad K_{P_1} \geqslant K_{P_2} \geqslant \cdots \geqslant K_{P_n}（递减）$$

典型的排序算法有插入排序、选择排序、交换排序和快速排序等。在排序过程中的基本操作有比较两个关键字的大小和移动记录的位置。下面主要介绍直接插入排序和选择排序。

1. 直接插入排序

直接插入排序是指将无序子序列中的一个或几个记录插入到有序序列中，从而增加记录的有序子序列的长度。排序过程是将 n 个元素的数列分为有序和无序两个部分，每次处理是将无序数列的第一个元素与有序数列的元素从后往前逐个进行比较，找出插入位置，将该元素插入到有序数列的合适位置中。整个排序过程为 $n-1$ 趟插入，即先将序列中第 1 个记录看成是一个有序子序列，然后从第 2 个记录开始，逐个进行插入，直至整个序列有序。

1）直接插入排序的算法描述

第 1 步：从有序数列 $\{a_1\}$ 和无序数列 $\{a_2, a_3, \cdots, a_n\}$ 开始进行排序；

第 2 步：处理第 i 个元素（$i = 2, 3, \cdots, n$）时数列 $\{a_1, a_2, \cdots, a_{i-1}\}$ 是已有序的，数列 $\{a_i, a_{i+1}, \cdots, a_n\}$ 是无序的，用 a_i 与 a_{i-1}、a_{i-2}、$\cdots, a_n$ 进行比较，找出合适的位置将 a_i 插入；

第 3 步：重复第 2 步，共进行 $n-1$ 次的插入处理，数列全部有序。

2）直接插入排序算法的伪代码描述

```
for j ≤ 2 to length[A]
    do key ≤ A[j]
    //将 A[j]插入到已排序序列 A[1…j-1]
    i ≤ j-1
    while i > 0 and A[i]> key
      do A[i+1] ≤ A[i]
      i ≤ i-1
    A[i+1] ≤ key
```

3) 直接插入排序算法用 C 语言实现

```
insert_sort(int * item ,int n )
  {
      int i, j, t ;
      for(i = 1; i < n; i++)                /* n-1 次循环 */
        {  t = item[i];                     /* 要插入的元素 */
           j = i - 1;                       /* 有序部分起始位置 */
           while(j > = 0 && t < item[j])    /* 寻找插入位置 */
             {
                 item[j + 1] = item[j];     /* 当前元素后移 */
                 j-- ;
             }
           item[j + 1] = t;                 /* 插入该元素 */
        }
  }
```

4) 直接插入排序算法分析

对直接插入排序算法进行分析,其时间复杂度分为几种情况:

(1) 最好情况

若待排序记录按关键字从小到大排列,即所有记录已经有序(正序)。关键字比较次数为 $\sum_{i=2}^{n} 1 = n-1$,记录移动次数为 0。

(2) 最坏情况

若待排序记录按关键字从大到小排列(逆序)。此时关键字比较次数为 $\sum_{i=2}^{n} i = \frac{(n+2)(n-1)}{2}$,记录移动次数为 $\sum_{i=2}^{n} (i+1) = \frac{(n+4)(n-1)}{2}$。

(3) 平均情况

若待排序记录是随机的,取平均值。此时关键字比较次数为 $\frac{n^2}{4}$,记录移动次数为 $\frac{n^2}{4}$。其时间复杂度为 $O(n^2)$,空间复杂度为 $O(1)$。

2. 选择排序

从记录的无序子序列中选择关键字最小或最大的记录,并将它加入到有序子序列中(顺序放在已有序的记录序列的最后或者最前),以此方法增加记录的有序子序列的长度,直到全部数列有序。

1) 选择排序算法描述

第 1 步:通过 $n-1$ 次关键字比较,从原始数列 $\{a_1,a_2,a_3,\cdots,a_n\}$ 中找出关键字最小的记录,将它与第一个记录交换放在有序数列中,形成 $\{a_1\}$ 和 $\{a_2,a_3,\cdots,a_n\}$ 有序数列和无序数列两部分;

第 2 步:再通过 $n-2$ 次比较,从剩余的 $n-1$ 个记录中找出关键字次小的记录,将它与第二个记录交换;处理第 i 趟排序 $(i=2,3,\cdots,n)$ 时,从剩下的 $n-i+1$ 个元素中找出最小关键字,放在有序数列的后面;

第 3 步:重复第 2 步,共进行 $n-1$ 趟选择处理,数列全部有序。

2) 选择排序算法用 C 语言程序实现

```
select_sort( int * item, int count )
  { int i,j,k,t;
     for(i = 0; i < count - 1; ++i )            /* n-1 次循环 */
        { k = i;                                 /* 无序部分第 1 个元素 */
           t = item[i];
           for(j = i + 1; j < count; ++j)        /* 寻找最小值循环 */
             { if (item[j]< t)
                {
                    k = j; t = item[j]; }          /* 记录最小值及位置 */
                }
              item[k] = item[i];                   /* 交换最小值与无序 */
              item[i] = t;                          /* 部分最后 1 个元素位置 */
           }
        }
  }
```

3) 选择排序算法分析

对选择排序算法进行分析,记录比较次数 $\sum\limits_{i=1}^{n-1}(n-i) = \frac{1}{2}(n^2 - n)$,最好情况下记录移动次数为 0,最坏情况下是 $3(n-1)$,时间复杂度为 $O(n^2)$。

4.6.3 查 找

查找也叫检索,是根据给定的某个值,在表中确定一个关键字等于给定值的记录或数据元素。关键字是数据元素中某个数据项的值,它可以标识一个数据元素。查找表是一组同一类型的数据元素(或记录)的待查数据元素的集合,若查找表中存在这样一个记录,则称查找成功,查找结果给出整个记录的信息,或指示该记录在查找表中的位置;否则称查找不成功,查找结果给出空记录或空指针。查找算法有顺序查找、折半查找、分块查找和二叉树查找。下面主要介绍顺序查找和折半查找算法。

1. 顺序查找

顺序查找是最简单、最普通的查找方法。其思想是从表的一端开始逐个进行记录的关键字和给定值的比较。

顺序查找的操作步骤:

第 1 步:从第 1 个元素开始查找;

第 2 步:用待查关键字值与各节点(记录)的关键字值逐个进行比较,若找到相等的节点,则查找成功,否则,查找失败。

其查找过程如图 4.20 所示。当查找比较次数大于整个数据表长度时,查找失败。

顺序查找算法流程图如图 4.21 所示。其中 A 表示待查表,n 为数据元素个数,key 是要找的值。

顺序查找的优点是节点的逻辑次序不必有序,存储结构可以是顺序表或链表,当序列中的记录基本有序或 n 值较小时,是较好的算法。缺点是平均查找长度较大,特别不适用于表长较大的查找表。

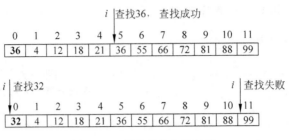

图 4.20　顺序表的查找过程

2. 折半查找

折半查找也叫二分查找,是一种高效的查找方法。它可以明显地减少比较次数,提高查找效率,其先决条件是查找表中的数据元素必须有序。其思想是如果要找的元素值小于该查找表的中点元素,则将待查序列缩小为左半部分,否则为右半部分,即通过一次比较,将查找区间缩小一半。其过程如图 4.22 所示。

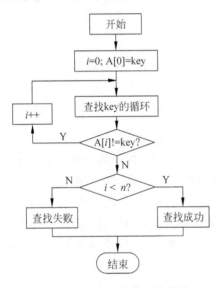

图 4.21　顺序查找算法流程图

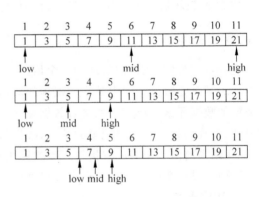

图 4.22　折半查找过程示意图

折半查找算法描述如下:

(1) 确定整个查找区间的中间位置。

设表长为 n,low、high 和 mid 分别指向待查元素所在区间的上界、下界和中点,k 为给定值。初始时,令 low=1,high=n,mid=(low+high)/2。

(2) 用待查关键字值 k 与中间位置 mid 的关键字值进行比较。

若相等,查找成功;若小于,则 high=mid-1;若大于,则 low=mid+1。

(3) 重复上述操作,直至 low>high 时,查找失败。

其查找过程如图所示。此时 $k=7$,表长 $n=11$。

折半查找算法的优点是每经过一次比较,查找范围就缩小一半,经 $\log_2 n$ 次比较就可以完成查找过程。缺点是查找表必须有序,对所有数据元素排序处理的过程非常费时。

4.7　本　章　小　结

　　数据结构主要研究数据的各种逻辑结构和存储结构以及对数据的各种操作。本章介绍了线性表的概念及线性存储和链式存储,单链表和双链表的概念以及插入和删除节点时指针的变化过程。数组是具有相同类型的若干变量按有序的形式组织起来的元素集合,它有一维数组、二维数组和多维数组之分。栈是一类特殊的线性表,它只能在指定的一端进行插入或删除操作,这一端称为栈顶,另一端则称为栈底。队列也是一种特殊的线性表,它只允许在表的前端进行删除操作,而在表的后端进行插入操作。之后介绍了树、二叉树和图的基本概念。

　　算法是一系列解决问题的清晰指令,即能够对满足一定规范的输入,在有限时间内获得所要求的输出。算法与数据结构是密切相关的,算法的设计取决于数据的逻辑结构,算法的实现取决于数据的物理存储结构。算法的衡量标准有时间复杂度和空间复杂度。常用的算法描述方式有自然语言、流程图、伪代码等。最后重点介绍了直接插入排序和简单选择排序算法,并给出了算法流程图和用 C 语言对算法的具体实现。

习　题　4

一、选择题

1. 在数据结构的讨论中,把数据结构从逻辑上分为( )。

　　A. 内部与外部　　　B. 线性与非线性　　　C. 静态与动态　　　D. 紧凑与非紧凑

2. 采用线性链表表示一个向量时,要求占用的存储空间地址( )。

　　A. 必须连续　　　　　　　　　　　B. 部分地址连续

　　C. 可连续可不连续　　　　　　　　D. 一定不连续

3. 下列哪一个不是数据在计算机中的存储表示方法( )。

　　A. 顺序存储　　　B. 链式存储　　　C. 索引存储　　　D. 随机存储

4. 与单链表相比,双链表的优点之一是( )。

　　A. 插入、删除更简单　　　　　　　B. 可以进行随机访问

　　C. 可以省略表头或表尾指针　　　　D. 前后访问相邻节点更灵活

5. 栈按照哪种方式进行数据存储( )。

　　A. 后进先出　　　B. 先进先出　　　C. 后进后出　　　D. 随机

6. 对含有 n 个元素的顺序表采用直接插入排序方法进行排序,在最好的情况下所需的比较次数为( )。

　　A. $n-1$　　　　B. $n+1$　　　　C. $n/2$　　　　D. $n(n-1)/2$

二、填空题

1. 数据的逻辑结构分为_____、_____、_____和_____。

2. 数据的存储结构分为_____、_____、_____和_____。

3. 栈和队列在逻辑上都是_____结构。

4. 算法的设计取决于数据的_____,而算法的实现依赖于采用的_____。

5．算法的衡量标准有_____和_____。

6．算法是通过计算机程序实现的，而在算法设计过程中则需要借助形式化的描述工具来描述算法，主要有_____、_____和_____等。

三、简答题

1．什么是数据、数据元素、数据结构？

2．简述在单链表中插入节点时指针的变化过程。

3．简述在双链表中插入节点时指针的变化过程。

4．什么是算法？算法的特征有哪些？

5．简述简单选择排序的过程。

6．简述直接插入排序的过程。

第5章

计算机网络基础

本章学习目标
- 掌握和理解计算机网络的概念及组成；
- 掌握计算机网络的分层结构和各层功能；
- 掌握互联设备的工作层次、功能及应用；
- 掌握 Internet 基础知识及应用。

5.1 计算机网络的介绍

计算机网络是计算机技术和通信技术紧密结合的产物。随着网络技术的不断发展，各种网络应用层出不穷，并将逐渐渗入到社会的各个领域及人们的日常生活，改变着人们的工作、学习、生活乃至思维方式。它的诞生使计算机体系结构发生了巨大变化，在当今社会经济中起着非常重要的作用，它对人类社会的进步做出了巨大贡献。从某种意义上讲，计算机网络的发展水平不仅反映了一个国家计算机科学和通信技术水平，而且已经成为衡量其国力及现代化程度的重要标志之一。

5.1.1 计算机网络的概念

计算机网络就是将分布在不同地理位置上的具有独立工作能力的计算机、终端及其附属设备用通信设备和通信线路连接起来，并配置网络软件，以实现资源共享的系统。

所谓网络资源共享就是通过连在网络上的工作站使用网络系统的所有硬件和软件(通常根据需要被授权)。首先，计算机网络至少由两台以上的计算机组成；其次，它们之间互连并能彼此交换信息。这种功能称为网络系统中的资源共享。

所谓自治是指每台计算机的工作是独立的，任何一台计算机都不能干预其他计算机的工作(如计算机启动、关闭或控制其运行等)，任何两台计算机之间没有主从关系。

综上，一个计算机网络必须具备以下 3 个基本要素：

(1) 至少有两个具有独立操作系统的计算机，且它们之间有相互共享某种资源的需求。

(2) 两个独立的计算机之间必须有某种通信手段将其连接。

(3) 网络中各个独立的计算机之间要能相互通信，必须制定相互可确认的规范标准或协议。

以上 3 条是组成一个网络的必要条件，三者缺一不可。在计算机网络中，能够提供信息和服务能力的计算机是网络的资源，而索取信息和请求服务的计算机则是网络的用户。由于网络资源与网络用户之间的连接方式、服务类型及连接范围的不同，从而形成了不同的网络结构及网络系统。

随着计算机通信网络的广泛应用和网络技术的发展,计算机用户对网络提出了更高的要求,既希望共享网内的计算机系统资源,又希望网内几个计算机系统共同完成某项任务。这就要求用户对计算机网络的资源像使用自己的主机系统资源一样方便。为了实现这个目的,除要有可靠的、有效的计算机和通信系统外,还要求制定一套全网一致遵守的通信规则以及用来控制协调资源共享的网络操作系统。

5.1.2　计算机网络的组成

计算机网络系统由通信子网和资源子网组成。网络软件系统和网络硬件系统是网络系统赖以存在的基础。在网络系统中,硬件对网络的选择起着决定性作用,而网络软件则是挖掘网络潜力的工具。

在网络系统中,网络上的每个用户都可享有系统中的各种资源,系统必须对用户进行控制,否则,就会造成系统混乱、信息数据的破坏和丢失。为了协调系统资源,系统需要通过软件工具对网络资源进行全面的管理、调度和分配,并采取一系列的安全保密措施,防止用户不合理地对数据和信息的访问,以防数据和信息的破坏与丢失。网络软件是实现网络功能不可缺少的软件环境。

通常,网络软件包括:

(1) 网络协议和协议软件:通过协议程序实现网络协议功能。

(2) 网络通信软件:通过网络通信软件实现网络工作站之间的通信。

(3) 网络操作系统:网络操作系统是用以实现系统资源共享、管理用户对不同资源访问的应用程序,它是最主要的网络软件。

(4) 网络管理及网络应用软件:网络管理软件是用来对网络资源进行管理和对网络进行维护的软件;网络应用软件是为网络用户提供服务并为网络用户解决实际问题的软件。

网络硬件是计算机网络系统的物质基础。要构成一个计算机网络系统,首先要将计算机及其附属硬件设备与网络中的其他计算机系统连接起来。不同的计算机网络系统,在硬件方面是有差别的。随着计算机技术和网络技术的发展,网络硬件日趋多样化,功能更加强大,更加复杂。

从资源构成的角度讲,计算机网络是由硬件和软件组成的。这里的硬件包括各种主机、终端等用户端设备以及交换机、路由器等通信控制处理设备;而软件则由各种系统程序、应用程序以及大量的数据资源组成。但是,从计算机网络的设计与实现角度看,更多的是从功能角度去看待计算机网络的组成,并从功能上将计算机网络逻辑划分为资源子网和通信子网。

在整个计算机网络中总会有一部分是用来对信息进行传递的,对于网络中的这一部分,称之为通信子网;网络的另一个作用就是提供各种服务,在网络中由资源子网来实现这些功能。

图5.1给出了关于资源子网和通信子网的二级子网结构,其中,资源子网负责全网的数据处理业务,并向网络用户提供各种网络资源和网络服务。资源子网主要由主机、终端以及相应的I/O设备、各种软件资源和数据资源构成。主机系统拥有各种终端用户要访问的资源,它负担着数据处理的任务。终端设备的种类很多,如电传打字机、CRT监视器和键盘

等,另外还有网络打印机、传真机等。终端设备可以直接或者通过通信控制处理机和主机相连。通信子网的作用则是为资源子网提供传输、交换数据信息的能力。通信子网主要由通信控制处理机、通信链路及其他设备如调制解调器等组成。

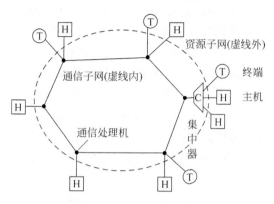

图 5.1 典型计算机网络

通信链路是用于传输信息的物理信道以及为达到有效、可靠的传输质量所必需的信道设备的总称。一般,通信子网中的链路属于高速线路,所用的信道类型可以是有线信道或无线信道。

5.2 计算机网络分层结构及各层功能

为了在不同地理分布且功能相对独立的计算机之间实现资源共享,计算机网络系统需要涉及和解决许多复杂的问题,包括信号传输、差错控制、寻址、数据交换和提供用户接口等一系列问题。计算机网络体系结构是我们为简化这些问题的研究、设计与实现而抽象出来的一种结构模型。

结构模型有多种,如平面模型、层次模型和网状模型等,对于复杂的计算机网络系统,一般采用层次模型。在层次模型中,往往将系统所要实现的复杂功能分化为若干个相对简单的细小功能,每一项子功能以相对独立的方式去实现。引入分层模型后,将计算机网络系统中的层、各层中的协议以及层次之间接口的集合称为计算机网络体系结构。但是,即使是遵循了前面所提到的网络分层原则,不同的网络组织机构或生产厂商所给出的计算机网络体系结构也不一定是相同的,对于分层的数量,各层的名称、内容与功能都可能会有所不同。

在计算机网络的发展历史中,曾出现过多种不同的计算机网络体系结构,其中包括IBM 公司在 1974 年提出的系统网络结构(System Net Architecture)模型、DEC 公司于1975 年提出的分布型网络的数字网络体系(Distributed Net Architecture)模型等。这些由不同厂商自行提出的专用网络模型,在体系结构上差异很大,甚至相互之间互不相容,更谈不上将运用不同厂商产品的网络相互连接起来以构成更大的网络系统。体系结构的专用性实际上代表了一种封闭性,尤其在上个世纪 70 年代末至 80 年代初,一方面是计算机网络规模与数量的急剧增长,另一方面是许多按不同体系结构实现的网络产品之间难以进行互操作,严重阻碍了计算机网络的发展。于是关于计算机网络体系结构的标准化工作被提上了有关国际标准组织的议事日程。

5.2.1　OSI模型

1979年,国际标准化组织(International Organization for Standardization,ISO)成立了一个分委员会来专门研究一种用于开放系统的计算机网络体系结构,并于1983年正式提出了开放式系统互连(Open System Interconnection)参考模型,简称OSI/RM。这是一个定义连接异种计算机的标准体系结构,所谓开放是指任何计算机系统只要遵守这一国际标准,就能同其他位于世界上任何地方的、也遵守该标准的计算机系统进行通信。

ISO/OSI参考模型是一种将异构系统互连的分层结构,它定义了一种抽象结构,而并非具体实现的描述。OSI参考模型如图5.2所示,由下而上共有七层,分别为物理层、数据链路层、网络层、传输层、会话层、表示层、应用层,也被依次称为OSI第一层、第二层、一直到第七层。

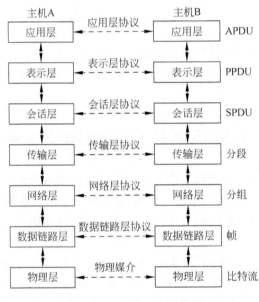

图5.2　ISO/OSI七层模型

5.2.2　OSI模型中各层功能

1. 物理层(Physical Layer)

物理层位于OSI参考模型的最低层,它直接面向原始比特流(二进制流)的传输。为了实现原始比特流的物理传输,物理层必须解决好包括传输介质、信道类型、数据与信号之间的转换、信号传输中的衰减和噪声等在内的一系列问题。另外,物理层标准要给出关于物理接口的机械、电气、功能和规程特性,以便于不同的制造厂家既能够根据公认的标准各自独立地制造设备,又能使各个厂家的产品能够相互兼容。

2. 数据链路层(Data Link Layer)

在物理层发送和接收数据的过程中,会出现一些物理层自己不能解决的问题。例如,当两个节点同时试图在一条线路上发送数据时该如何处理? 节点如何知道它所接收的数据是否正确？如果噪声改变了一个分组的目标地址，节点如何察觉它丢失了本应收到的分组呢？这些都是数据链路层所必须负责的工作。

数据链路层涉及相邻节点之间的可靠数据传输，数据链路层通过加强物理层传输原始比特的功能，使之对网络层表现为一条无错线路。为了能够实现相邻节点之间无差错的数据传送，数据链路层在数据传输过程中提供了确认、差错控制和流量控制等机制。

3. 网络层（Network Layer）

网络中的两台计算机进行通信时，中间可能要经过许多中间节点甚至不同的通信子网。网络层的任务就是在通信子网中选择一条合适的路径，使发送端传输层所传下来的数据能够通过所选择的路径到达目的端。

为了实现路径选择，网络层必须使用寻址方案来确定存在哪些网络以及设备在这些网络中所处的位置，不同网络层协议所采用的寻址方案是不同的。在确定了目标节点的位置后，网络层还要负责引导数据包正确地通过网络，找到通过网络的最优路径，即路由选择。如果子网中同时出现过多的分组，它们将相互阻塞通路并可能形成网络瓶颈，所以网络层还需要提供拥塞控制机制以避免此类现象的出现。另外，网络层还要解决异构网络互连问题。

4. 传输层（Transport Layer）

传输层是 OSI 七层模型中唯一负责端到端节点间数据传输和控制功能的层。传输层是 OSI 七层模型中承上启下的层，它下面的三层主要面向网络通信，以确保信息被准确有效地传输；它上面的三个层次则面向用户主机，为用户提供各种服务。

传输层通过弥补网络层服务质量的不足为会话层提供端到端的可靠数据传输服务。它为会话层屏蔽了传输层以下的数据通信的细节，使会话层不会受到下三层技术变化的影响。但同时，它又依靠下面的三个层次控制实际的网络通信操作来完成数据从源到目标的传输。传输层为了向会话层提供可靠的端到端传输服务，也使用了差错控制和流量控制等机制。

5. 会话层（Session Layer）

会话层的功能是在两个节点间建立、维护和释放面向用户的连接。它是在传输连接的基础上建立会话连接，并进行数据交换管理，允许数据进行单工、半双工和全双工的传送。会话层提供了令牌管理和同步两种服务功能。

6. 表示层（Presentation Layer）

表示层以下的各层只关心可靠的数据传输，而表示层关心的是所传输数据的语法和语义。它主要涉及处理在两个通信系统之间所交换信息的表示方式，包括数据格式变换、数据加密与解密、数据压缩与恢复等功能。

7. 应用层（Application Layer）

应用层是 OSI 参考模型的最高层，负责为用户的应用程序提供网络服务。与 OSI 其他层不同的是，它不为任何其他 OSI 层提供服务，而只是为 OSI 模型以外的应用程序提供服务，包括为相互通信的应用程序或进程之间建立连接、进行同步，建立关于错误纠正和控制数据完整性过程的协商等。应用层还包含大量的应用协议，如分布式数据库的访问、文件的交换、电子邮件、虚拟终端等。

5.3 计算机网络的分类

计算机网络的分类可按不同的分类标准进行划分。

1. 按网络拓扑结构划分

计算机网络的物理连接方式叫做网络的拓扑结构。按照网络的拓扑结构,计算机网络可分为总线、星状、环状、树状、网状等网络结构。

2. 按网络的覆盖范围划分

根据计算机网络所覆盖的地理范围、信息的传输速率及其应用目的,计算机网络通常被分为接入网、局域网、城域网、广域网。这种分类方法也是目前较为流行的一种分类方法。如图 5.3 所示。

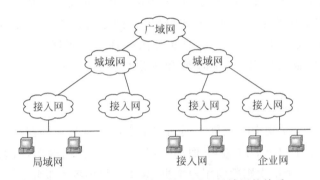

图 5.3　广域网、城域网、接入网和局域网的关系

1) 接入网(Access Network,AN)

接入网又称为本地接入网或居民接入网。它是近年来由于用户高速上网需求的增加而出现的一种网络技术。接入网是局域网(或校园网)和城域网之间的桥接区。接入网提供多种高速接入技术,使用户接入到 Internet 的瓶颈得到某种程度的解决。

2) 局域网(Local Area Network,LAN)

局域网也称局部网,是指将有限的地理区域内的各种通信设备互连在一起的通信网络。它具有很高的传输速率(几十至上吉比特每秒),其覆盖范围一般不超过几十千米,通常将一座大楼或一个校园内分散的计算机连接起来构成 LAN。

3) 城域网(Metropolitan Area Network,MAN)

城域网有时又称为城市网、区域网、都市网。城域网介于 LAN 和 WAN 之间,其覆盖范围通常为一个城市或地区,距离从几十千米到上百千米。城域网中可包含若干个彼此互连的局域网,可以采用不同的系统硬件、软件和通信传输介质构成,从而使不同类型的局域网能有效地共享信息资源。城域网通常采用光纤或微波作为网络的主干通道。

4) 广域网(Wide Area Network,WAN)

广域网指的是实现计算机远距离连接的计算机网络,可以把众多的城域网、局域网连接起来,也可以把全球的区域网、局域网连接起来。广域网涉及的范围较大,一般从几百千米到几万千米,用于通信的传输装置和介质一般由电信部门提供,能实现大范围的资源共享。

3. 按照数据传输方式分类

根据数据传输方式的不同,计算机网络又可以分为"广播网络"和"点对点网络"两大类。

1) 广播网络(Broadcasting Network)

广播网络中的计算机或设备使用一个共享的通信介质进行数据传播,网络中的所有节点都能收到任何节点发出的数据信息。广播网络中的传输方式目前有以下3种。

(1) 单播(Unicast):发送的信息中包含明确的目的地址,所有节点都检查该地址。如果与自己的地址相同,则处理该信息;如果不同,则忽略。

(2) 组播(Multicast):将信息传输给网络中的部分节点。

(3) 广播(Broadcast):在发送的信息中使用一个指定的代码标识目的地址,将信息发送给所有的目标节点。当使用这个指定代码传输信息时,所有节点都接收并处理该信息。

2) 点对点网络(Point to Point Network)

点对点网络中的计算机或设备以点对点的方式进行数据传输,两个节点间可能有多条单独的链路。这种传播方式应用于广域网中。

以太网和令牌环网属于广播网络,而ATM和帧中继网络属于点对点网络。

4. 按通信传输介质划分

按通信传输介质不同可分为有线网络和无线网络。所谓有线网络,是指采用有形的传输介质,如双绞线、同轴电缆、光纤等组建的网络,而使用微波、红外线等无线传输介质作为通信线路的网络就属于无线网络和卫星网络等。

5. 按使用网络的对象分类

按使用网络的对象不同可分为专用网和公用网。专用网一般由某个单位或部门组建,使用权限属于单位或部门内部所有,不允许外单位或部门使用,如银行系统的网络。而公用网由电信部门组建,网络内的传输和交换设备可提供给任何部门和单位使用,如Internet。

6. 按网络组件的关系分类

按照网络中各组件的功能来划分,常见的有两种类型的网络:对等网络和基于服务器的网络。

(1) 对等网络是网络的早期形式,网络上的计算机在功能上是平等的,没有客户/服务器之分,每台计算机既可以提供服务,又可以获得服务。这类网络具有各计算机地位平等,网络配置简单,网络的可管理性差等特点。

(2) 基于服务器的网络采用客户/服务器模型,在这种模型中,服务器给予服务,不索取服务;客户机则是索求服务,不提供服务。这类网络具有网络中计算机地位不平等,网络管理集中,便于网络管理,网络配置复杂等特点。

5.4 网络互联设备

计算机网络往往由许多种不同类型的网络互相连接而成。如果几个计算机网络只是在物理上连接在一起,它们之间并不能进行通信,那么这种"互连"并没有什么实际意义。从功能上和逻辑上看,这些计算机网络已经组成了一个大型的计算机网络,称为互联网络,简称互联网。网络互联是为了将两个或者两个以上具有独立自治能力、同构或异构的计算机网络连接起来,以形成能够实现数据流通,扩大资源共享范围,或者容纳更多用户的更加庞大的网络系统。按照连接网络的不同,网络互联设备分为中继器、集线器、网桥、交换机、路由器和网关等。用户在构建网络系统和连接不同的网络时,正确地选择互联设备尤为重要。

5.4.1 网络互联硬件

将网络互相连接起来要使用一些中间设备,使用 ISO 的术语称为中继(relay)系统。中继系统在网间进行协议和功能转换,具有很强的层次性。

根据中继系统所在的层次,有以下 4 种中继系统,如图 5.4 所示。

(1) 物理层中继系统,即转发器或中继器;

(2) 数据链路层中继系统,即网桥和交换机;

(3) 网络层中继系统,即路由器和三层交换机;

(4) 网络层以上的中继系统(应用层),即网关。

一般讨论互联网时,都是指用路由器进行互联的网络。

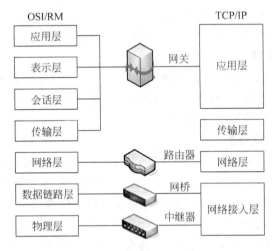

图 5.4　网络互联的层次

1. 中继器

中继器(repeater,RP)是连接网络线路的一种装置,常用于两个网络节点之间物理信号的双向转发工作。中继器是最简单的网络互联设备,主要完成物理层的功能,负责在两个节点的物理层上按位传递信息,完成信号的复制、调整和放大功能,以此来延长网络的长度。

中继器的功能是在物理层内实现透明的二进制比特复制、补偿信号衰减。也就是说,中继器接收从一个网段传来的所有信号,放大后发送到另一个网段。由于存在损耗,在线路上传输的信号功率会逐渐衰减,衰减到一定程度时将造成信号失真,因此会导致接收错误。中继器就是为解决这一问题而设计的。它完成物理线路的连接,对衰减的信号进行放大,保持与原数据相同。一般情况下,中继器两端连接相同的媒体,但有的中继器也可以完成不同媒体的转接工作,如图 5.5 所示。

网络中两个中继器之间或终端与中继器之间的一段完整的、无连接点数据传输段为网段。中继器放大和转发数据的特点是它不了解传输帧的格式,也没有物理地址。信号转发时,中继器不等一个完整的帧发送过来就把信号从一个网段发送到另外一个网段中。经过中继器,能把有效的连接距离扩大一倍。例如以太网段的最大连接距离是 500m,经一个中

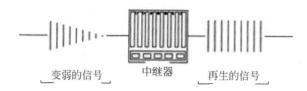

变弱的信号　　　中继器　　　再生的信号

图 5.5　中继器的放大再生信号功能

继器将两个网段连接起来,可以将以太网长度达到 1000m。由此可见,一是中继器具有接收、放大、整形和转发网络信息的作用;二是使用带有不同接口的中继器,可以连接两个使用不同的传输介质、不同类型的以太网段。

从理论上讲中继器的使用是无限的,网络也因此可以无限延长。事实上这是不可能的,因为网络标准中都对信号的延迟范围作了具体的规定,中继器只能在规定范围内进行有效的工作,否则会引起网络故障。中继器的使用要遵守 5-4-3 规则(中继规则),即在以太网中使用中继器要注意 5-4-3-2-1 原则,即 4 个中继器连接 5 个段,其中只有 3 个段可以连接主机,另 2 个段是连接段,它们共处于 1 个广播域。图 5.6 表示用中继器连接两个网段。

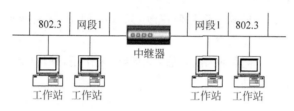

802.3　网段1　　　中继器　　　网段1　802.3

工作站　工作站　　　　　　工作站　工作站

图 5.6　用中继器连接两个网段

中继器的应用特点:

1) 中继器的主要优点

中继器安装简单、可以轻易地扩展网络的长度,使用方便、价格相对低廉。另外,中继器工作在物理层,因此它要求所连接的网段在物理层以上使用相同或兼容协议。

2) 中继器的主要缺点

(1) 中继器用于局域网之间有条件的连接。

(2) 中继器不能提供所连接网段之间的隔离功能。

(3) 中继器不能抑制广播风暴。

(4) 使用中继器扩展网段和网络距离时,其数目有所限制。

2. 网桥

网桥(Bridge)是连接两个局域网的设备,工作在数据链路层,准确地说,它工作在 MAC 子层上,可以完成具有相同或相似体系结构网络系统的连接。网桥对端点用户是透明的,像一个聪明的中继器。网桥是为各种局域网存储转发数据而设计的,可以将不同的局域网连在一起,组成一个扩展的局域网。

如图 5.7 所示,网络 1 和网络 2 通过网桥连接后,网桥接收网络 1 发送的数据包,检查数据包中的地址,如果地址属于网络 1,它就将其放弃,相反,如果是网络 2 的地址,它就继续发送给网络 2。这样可以利用网桥隔离信息,将网络划分成多个网段,隔离出安全网段,防止其他网段内的用户非法访问。由于网络的分段,各网段相对独立,一个网段的故障不会

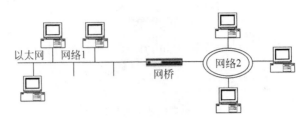

图 5.7　网桥互联

影响到另一个网段的运行。网桥可以是专门硬件设备,也可以由计算机加装的网桥软件来实现,这时计算机上会安装多个网络适配器(网卡)。

1) 网桥的功能

网桥的功能在延长网络跨度上类似于中继器,然而它能提供智能化连接服务,即根据帧的终点地址处于哪一网段来进行转发和滤除。网桥对站点所处网段的了解是靠"自学习"实现的。

网桥的功能主要有以下几点:

(1) 网桥对所接收的信息帧不作任何修改,只查看 MAC 帧的源地址和目的地址;

(2) 网桥可以过滤和转发信息;

(3) 网桥可以连接两个同种网络,起信号中继放大作用,延伸网络范围;

(4) 网桥具有地址学习功能。

2) 网桥的种类

(1) 透明网桥

透明网桥以混杂方式工作,它接收与之连接的所有 LAN 传送的每一帧。当一帧到达时,网桥必须决定将其丢弃还是转发。如果要转发,则必须决定发往哪个 LAN。这需要通过查询网桥中一张大型散列表里的目的地址而做出决定。该表可列出每个可能的目的地,以及它属于哪一条输出线路(LAN)。

(2) 源路由选择网桥

透明网桥的优点是易于安装,只需插进电缆即可。源路由选择的核心思想是假定每个帧的发送者都知道接收者是否在同一个 LAN 上,当发送一帧到另外的 LAN 时,源机器将目的地址的高位设置成 1 作为标记,另外,它还在帧头添加此帧应走的实际路径。源路由选择的前提是互联网中的每台机器都知道所有其他机器的最佳路径。获取路由算法的基本思想是:如果不知道目的地地址的位置,源机器就发布一广播帧,询问它在哪里。每个网桥都转发该查找帧(discovery frame),这样该帧就可到达互联网中的每一个 LAN。当答复回来时,途经的网桥将它们自己的标识记录在答复帧中,于是,广播帧的发送者就可以得到确切的路由,并可从中选取最佳路由。透明网桥一般用于连接以太网段,而源路由选择网桥则一般用于连接令牌环网段。

(3) 远程网桥

网桥有时也被用来连接两个或多个相距较远的 LAN。比如,某个公司分布在多个城市中,该公司在每个城市中均有一个本地的 LAN,最理想的情况就是所有的 LAN 均连接起来,整个系统就像一个大型的 LAN 一样。

该目标可通过下述方法实现：每个 LAN 中均设置一个网桥，并且用点到点的连接（比如租用电话公司的电话线）将它们连接起来。点到点连线可采用各种不同的协议。办法之一就是选用某种标准的点到点数据链路协议，将完整的 MAC 帧加到有效载荷中。如果所有的 LAN 均相同，这种办法的效果最好，它的唯一问题就是必须将帧送到正确的 LAN 中。另一种办法是在源网桥中去掉 MAC 的头部和尾部，并把剩下的部分加到点到点协议的有效载荷中，然后在目的网桥中产生新的头部和尾部。它的缺点是到达目的主机的校验和并非是源主机所计算的校验和，因此网桥存储器中某位损坏所产生的错误可能不会被检测到。

远程网桥通过一个较慢的链路（如电话线）连接两个远程 LAN，对本地网桥而言，性能比较重要，而对远程网桥而言，在长距离上可正常运行是更重要的。

3）网桥的基本特征

（1）网桥在数据链路层上实现局域网互联；

（2）网桥能互联两个采用不同数据链路层协议、不同传输介质与不同传输速率的网络；

（3）网桥以接收、存储、地址过滤与转发的方式实现互联的网络之间的通信；

（4）网桥需要互联的网络在数据链路层以上采用相同的协议；

（5）网桥可以分隔两个网络之间的广播通信量，有利于改善互连网络的性能与安全性。

3. 路由器

所谓路由就是指通过相互联接的网络把信息从源地点移动到目标地点的活动。一般来说，在路由过程中，信息至少会经过一个或多个中间节点。路由器是互联网的主要节点设备。路由器通过路由决定数据的转发。转发策略称为路由选择（routing），这也是路由器名称的由来（Router，转发者）。作为不同网络之间互相连接的枢纽，路由器系统构成了基于 TCP/IP 的国际互联网络 Internet 的主体脉络，也可以说，路由器构成了 Internet 的骨架。它的处理速度是网络通信的主要瓶颈之一，它的可靠性则直接影响着网络互联的质量。图 5.8 为用路由器连接网络。

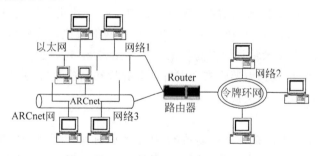

图 5.8 用路由器连接网络

路由器用于连接多个逻辑上分开的网络，所谓逻辑网络是代表一个单独的网络或者一个子网。当数据从一个子网传输到另一个子网时，可以通过路由器来完成。因此，路由器具有判断网络地址和选择路径的功能，它能在多网络互联环境中建立灵活的连接，可用完全不同的数据分组和介质访问方法连接各种子网，路由器只接受源站或其他路由器的信息，属网络层的一种互联设备。它不关心各子网使用的硬件设备，但要求运行与网络层协议相一致的软件。

路由器的工作原理如图 5.9 所示。

（1）工作站 A 将工作站 B 的地址 12.0.0.5 连同数据信息以数据帧的形式发送给路由

器 1。

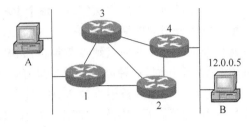

（2）路由器 1 收到工作站 A 的数据帧后，先从报头中取出地址 12.0.0.5，并根据路径表计算出发往工作站 B 的最佳路径：R1→R2→R4→B；然后将数据帧发往路由器 2。

（3）路由器 2 重复路由器 1 的工作，并将数据帧转发给路由器 4。

图 5.9   路由器工作原理

（4）路由器 4 同样取出目的地址，发现 12.0.0.5 就在该路由器所连接的网段上，于是将该数据帧直接交给工作站 B。

（5）工作站 B 收到工作站 A 的数据帧，一次通信过程宣告结束。

一般说来，异种网络互联与多个子网互联都应采用路由器来完成。路由器的主要工作就是为经过路由器的每个数据帧寻找一条最佳传输路径，并将该数据有效地传送到目的站点。由此可见，选择最佳路径的策略即路由算法是路由器的关键所在。为了完成这项工作，在路由器中保存着各种传输路径的相关数据——路径表（Routing Table），供路由选择时使用。路径表中保存着子网的标志信息、网上路由器的个数和下一个路由器的名字等内容。路径表可以是由系统管理员固定设置好的，也可以由系统动态修改，可以由路由器自动调整，也可以由主机控制。由系统管理员事先设置好的固定的路径表称为静态（static）路径表，一般是在系统安装时就根据网络的配置情况预先设定，它不会随未来网络结构的改变而改变。动态（Dynamic）路径表是路由器根据网络系统的运行情况而自动调整的路径表。路由器根据路由选择协议（Routing Protocol）提供的功能，自动学习和记忆网络运行情况，在需要时自动计算数据传输的最佳路径。

路由器按照网络级别可分为：

1）接入路由器

接入路由器连接家庭或 ISP 内的小型企业客户。接入路由器已经开始不只提供 SLIP 或 PPP 连接，还支持诸如 PPTP 和 IPSec 等虚拟私有网络协议。这些协议要能在每个端口上运行。诸如 ADSL 等技术将很快提高各家庭的可用带宽，这将进一步增加接入路由器的负担。由于这些趋势，接入路由器将来会支持许多异构和高速端口，并能够在各个端口运行多种协议，同时还要避开电话交换网。

2）企业级路由器

企业或校园级路由器连接许多终端系统，其主要目标是以尽量便宜的方法实现尽可能多的端点互连，并且进一步要求支持不同的服务质量。许多现有的企业网络都是由 Hub 或网桥连接起来的以太网段。尽管这些设备价格便宜、易于安装、无需配置，但是它们不支持服务等级。相反，有路由器参与的网络能够将机器分成多个碰撞域，并因此能够控制一个网络的大小。此外，路由器还支持一定的服务等级，至少允许分成多个优先级别。但是路由器的每端口造价要贵些，并且在能够使用之前要进行大量的配置工作。因此，企业路由器的成败就在于是否提供大量端口且每端口的造价很低，是否容易配置，是否支持 QoS。另外还要求企业级路由器有效地支持广播和组播。企业网络还要处理历史遗留的各种 LAN 技术，支持多种协议，包括 IP、IPX 和 Vine。它们还要支持防火墙、包过滤以及大量的管理和安全策略以及 VLAN。

3）骨干级路由器

骨干级路由器实现企业级网络的互联。对它的要求是速度和可靠性，而代价则处于次要地位。硬件可靠性可以采用电话交换网中使用的技术，如热备份、双电源、双数据通路等来获得。这些技术对所有骨干路由器而言差不多是标准的。骨干 IP 路由器的主要性能瓶颈是在转发表中查找某个路由所耗的时间。当收到一个包时，输入端口在转发表中查找该包的目的地址以确定其目的端口，当包越短或者当包要发往许多目的端口时，势必增加路由查找的代价。因此，将一些常访问的目的端口放到缓存中能够提高路由查找的效率。不管是输入缓冲还是输出缓冲路由器，都存在路由查找的瓶颈问题。除了性能瓶颈问题，路由器的稳定性也是一个常被忽视的问题。

4. 网关

网关（Gateway）又称网间连接器、协议转换器。网关在传输层上以实现网络互联，是最复杂的网络互联设备，仅用于两个高层协议不同的网络互联。网关既可以用于广域网互联，也可以用于局域网互联。网关是一种承担转换重任的计算机系统或设备。在使用不同的通信协议、数据格式或语言，甚至体系结构完全不同的两种系统之间，网关是一个翻译器。与网桥只是简单地传达信息不同，网关对收到的信息要重新打包以适应目的系统的需求。同时，网关也可以提供过滤和安全功能。大多数网关运行在 OSI 7 层协议的顶层——应用层。按照不同的分类标准，网关也有很多种。TCP/IP 协议里的网关是最常用的，在这里讲的"网关"均指 TCP/IP 协议下的网关。

网关实质上是一个网络通向其他网络的 IP 地址。比如有网络 A 和网络 B，网络 A 的 IP 地址范围为 192.168.1.1～192.168.1.254，子网掩码为 255.255.255.0；网络 B 的 IP 地址范围为 192.168.2.1～192.168.2.254，子网掩码为 255.255.255.0。在没有路由器的情况下，两个网络之间是不能进行 TCP/IP 通信的，即使是两个网络连接在同一台交换机（或集线器）上，TCP/IP 协议也会根据子网掩码（255.255.255.0）判定两个网络中的主机处在不同的网络里。而要实现这两个网络之间的通信，则必须通过网关。如果网络 A 中的主机发现数据包的目的主机不在本地网络中，就把数据包转发给它自己的网关，再由网关转发给网络 B 的网关，网络 B 的网关再转发给网络 B 的某个主机，如图 5.10 所示。

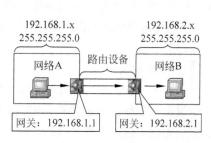

图 5.10　网络 A 向网络 B 转发数据包的过程

只有设置好网关的 IP 地址，TCP/IP 协议才能实现不同网络之间的相互通信。网关的 IP 地址是具有路由功能的设备的 IP 地址，具有路由功能的设备有路由器、启用了路由协议的服务器（实质上相当于一台路由器）、代理服务器（也相当于一台路由器）。

网关主要有以下 8 种类型。

1）传输网关

传输网关用于在 2 个网络间建立传输连接。利用传输网关，不同网络上的主机间可以建立起跨越多个网络的、级联的、点对点的传输连接。例如通常使用的路由器就是传输网关，"网关"的作用体现在连接两个不同的网段，或者是两个不同的路由协议，如 RIP、EIGRP、OSPF、BGP 等。如图 5.11 所示为网关连接不同类型网络的示意。

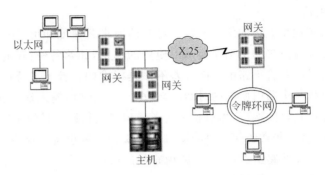

图 5.11　网关连接不同类型网络

2）应用网关

应用网关在应用层上进行协议转换。例如，一个主机执行的是 ISO 电子邮件标准，另一个主机执行的是 Internet 电子邮件标准，如果这两个主机需要交换电子邮件，那么必须经过一个电子邮件网关进行协议转换，这个电子邮件网关是一个应用网关。再例如，在和Novell NetWare 网络交互操作的上下文中，网关在 Windows 网络中使用的服务器信息块（Server Message Block，SMB）协议以及 NetWare 网络使用的 NetWare 核心协议（Network Core Protocol，NCP）之间起着桥梁的作用。NCP 是工作在 OSI 第七层的协议，用以控制客户机和服务器间的交互，主要完成不同方式下文件的打开、关闭、读取功能。

3）信令网关

信令网关（Signaling Gateway，SG），主要完成 7 号信令网与 IP 网之间信令消息的中继，在 3G 初期，完成接入侧到核心网交换之间的消息的转接（3G 之间的 RANAP 消息，3G与 2G 之间的 BSSAP 消息），另外还能完成 2G 的 MSC/GMSC 与软交换机之间 ISUP 消息的转接。

4）中继网关

又叫 IP 网关，同时满足电信运营商和企业需求的 VoIP 设备。中继网关（IP 网关）由基于中继板和媒体网关板建构，单板最多可以提供 128 路媒体转换，两个以太网口，机框采用业界领先的 CPCI 标准，扩容方便，具有高稳定性、高可靠性、高密度、容量大等特点。

5）接入网关

是基于 IP 的语音/传真业务的媒体接入网关，提供高效、高质量的话音服务，为运营商、企业、小区、住宅用户等提供 VoIP 解决方案。

6）协议网关

协议网关通常在使用不同协议的网络区域间做协议转换。这一转换过程可以发生在OSI 参考模型的第 2 层、第 3 层或第 2 层与第 3 层之间。但是有两种协议网关不提供转换的功能：安全网关和管道。由于两个互连的网络区域的逻辑差异，安全网关是两个技术上相似的网络区域间的必要中介。如私有的广域网和公有的因特网。

7）应用网关

应用网关是在使用不同数据格式间翻译数据的系统。典型的应用网关接收一种格式的输入，将之翻译，然后以新的格式发送。输入和输出接口可以是分立的也可以使用同一网络连接。

应用网关也可以用于将局域网客户机与外部数据源相连,这种网关为本地主机提供了与远程交互式应用的连接。将应用的逻辑和执行代码置于局域网中客户端避免了低带宽、高延迟的广域网的缺点,这就使得客户端的响应时间更短。应用网关将请求发送给相应的计算机,获取数据,如果有需要就把数据格式转换成客户机所要求的格式。

8) 安全网关

安全网关是各种技术的融合,具有重要且独特的保护作用,其范围从协议级过滤到十分复杂的应用级过滤。

5.4.2 网络传输介质

1. 同轴电缆

同轴电缆(coaxial cable)由同轴的内、外两个导体构成,如图 5.12 所示。外导体是一个圆柱形的空管(在可弯曲的同轴电缆中,它可以由金属丝编织而成),用一个塑料罩覆盖,内导体是单根金属导线,它们之间用绝缘材料隔开。在采用空气绝缘的情况下,内导体依靠间隔规则的固体绝缘材料来定位。单根同轴电缆的直径约为 1.02~2.54cm,可在较宽的频率范围内工作。同轴电缆的频率特性比双绞线好,能进行较高速率的传输。由于它的屏蔽性能好,抗干扰能力强,因此多用于基带传输。

图 5.12 同轴电缆

同轴电缆具有良好的特性,有两种基本类型:基带同轴电缆和宽带同轴电缆。基带同轴电缆的屏蔽线用铜做成网状,特征阻抗为 50Ω,用来直接传输基带数字信号,数据传输速率最高可达 10Mbps;宽带同轴电缆的屏蔽线用铝冲压而成,特征阻抗为 75Ω,既可用于模拟信号传输,也可用于数字信号传输。对于模拟信号传输,频率可达 300~400MHz。

同轴电缆适用于点到点连接和多点连接。基带电缆每段可支持几百台设备,宽带电缆可以支持数千台设备。在高数据传输速率(50Mbps 以上)情况下,使用宽带同轴电缆,设备数目限制在 20~30 台。典型基带电缆的最大距离限制在几千米,宽带电缆可以达到几十千米,这取决于传输的是模拟信号还是数字信号。

同轴电缆又分为粗缆和细缆。一般来说,粗缆传输距离较远,而细缆由于功率损耗较大,传输距离约为 500m。对于高数据传输速率,其地理范围限制在 100m 左右。

2. 双绞线

传统的计算机网络大多用铜导线连接,这是因为铜具有低电阻和低价格特点的缘故。在铜导线中,使用得最多的有两种:双绞线和同轴电缆。主要用来传输模拟声音信息,但同样适用于数字信号的传输,特别适用于较短距离的信息传输。

双绞线(Twisted Pairwire,TP)是计算机网络连接介质中最常用的一种传输介质,它一般是由许多对铜导线在同一绝缘保护套管内按一定密度拧成扭绞状所组成,铜导线通常采用 22~26 号绝缘铜导线。如图 5.13 所示。一般的电话双绞线电缆只有 4 芯(两对双绞线)或 2 芯(一对双绞线),但计算机网络上用的双绞线电缆是 8 芯(4 对双绞线)。它既可用于点到点的连接,也可用于多点连接。但作为多点介质,其性能较差,只能支持几个很少的站点。

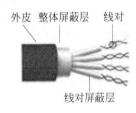

外皮　整体屏蔽层　线对

线对屏蔽层

图 5.13　屏蔽双绞线

双绞线中一根导线在传输中发生的电磁辐射会被另一根导线上的电磁辐射抵消,这样可以降低信号干扰的程度,使其具有传输特性比较稳定的优点。其缺点是传输损耗较大,在传输期间信号的衰减比较大,并且会产生波形畸变。不过,在传输低频信号时,双绞线衰减相对较小,波形也不会发生过大的畸变。

按照减少或消除相互间电磁干扰的方式不同,双绞线可分为屏蔽双绞线(Shielded Twisted Pair,STP)和非屏蔽双绞线(Unshielded Twisted Pair,UTP)两种,非屏蔽双绞线也称无屏蔽双绞线。屏蔽双绞线通过屏蔽层来减少相互间的电磁干扰;而非屏蔽双绞线则是通过线的对扭来减少或消除相互间的电磁干扰。

TIA/EIA 568 将 UTP 分为 6 个 Category(类别),具体定义如下:

(1) 速率 1~2Mbit/s。

(2) 速率 1~2Mbit/s,用于语音。

(3) 速率 16Mbit/s,用于 10Base-T 及 4Mbit/s Token Ring。

(4) 速率 20Mbit/s,用于 10Base-T 及 16Mbit/s Token Ring。

(5) 速率 100Mbit/s,用于 100Base-TX。

(6) 速率 1000Mbit/s,用于 1000Base-TX。

与其他传输介质相比,双绞线在传输距离、信道宽度和数据传输速率等方面均受到一定限制,但只要精心选择和安装双绞线,也可以在有限距离内达到每秒几兆位的可靠传输速率。当距离很短并且采用特殊的电子传输技术时,传输速率可达 100~155Mbps。双绞线可以很容易地在 15km 或更大范围内提供数据传输,局域网的双绞线主要用于一个建筑物内或几个建筑物内,在 100Kbps 速率下传输距离可达 1000m。

3. 光纤

光纤(又叫光导纤维)是 1969 年出现的一种由非常透明的石英玻璃拉成的能传送光波的介质,它是由纤芯和包层两部分构成的双层通信圆柱体,如图 5.14 所示。其中,纤芯为光通路,用来传导光波;包层包含多层反射玻璃纤维,有较低的折射率,可将光线反射到纤芯上。当光线从高折射率的介质射向低折射率的介质时,其折射角将大于入射角,如果折射角足够大,就会出现反射,即光线碰到包层时就会反射回纤芯。这个过程不断重复,光线就可以沿着光纤不断传输下去。

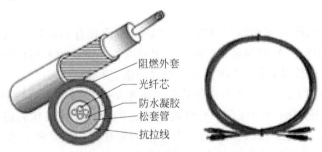

阻燃外套
光纤芯
防水凝胶
松套管
抗拉线

图 5.14　光纤

光纤可以分成多模光纤和单模光纤两大类。单模光纤只有一条光路,而多模光纤有多条光路。一般情况下,单模光纤的容量大于多模光纤,但其价格较高。常用的光纤电缆有:

- $8.3\mu m$ 芯/$125\mu m$ 外层单模光缆。
- $62.5\mu m$ 芯/$125\mu m$ 外层多模光缆。
- $50\mu m$ 芯/$125\mu m$ 外层多模光缆。
- $100\mu m$ 芯/$125\mu m$ 外层多模光缆。

对于单模光缆,其传输距离在 $5\sim8km$ 时的误码率可低于 10^{-9},完全可以满足一般计算机网络的要求。目前,单模光纤的使用率较高。

光纤的频率范围为 $1014\sim1015Hz$,覆盖了可见光谱和部分红外线光谱。现在投入实际应用的光纤数据传输速率可达几 Gbps。光纤信号衰减极小,可以在 $6\sim18km$ 内不使用中继器进行传输;另外,光纤的抗干扰能力强,一般的电磁和噪声对其构不成干扰。因此,利用光纤可进行远距离且高速率的数据传输,并且具有很好的保密性能。

光纤也有它自身的缺陷。由于光纤的抽头、衔接、分岔比较困难,光纤接口也比较贵,一般只适用于点到点的连接。总线拓扑结构的实验性多点系统已经建成,但是价格昂贵。另外,光纤传输光信号是单向的,要实现双向传输则需要有两根光纤或一根光纤上有两个频段。

光纤具有功率损失小、衰减小的特性,光纤还具有较大的带宽潜力,一段光纤能够支持的分接头数比双绞线或同轴电缆多得多;光纤的频带宽、传输距离远、传输速度高,能够传输数据、声音及图像等信息,因此是最有发展前途的传输介质。FDDI 光纤分布数据接口就是一种采用光纤作为传输介质的局域网标准,其传输速率可达 100Mbps。

4. 无线介质

无线通信是一种无需架设或铺埋通信传输介质的通信技术。用于计算机网络中的无线通信方式主要有短波通信和微波通信。一般来说,短波的信号频率低于 100MHz,短波主要靠大气电离层的反射来实现远距离定点通信,而电离层的不稳定所产生的衰落现象和电离层反射所产生的多径效应使短波的通信质量较差。因此,当必须使用短波无线电台传输数据时,一般都是低速传输,一个模拟话路传输几十至几百位每秒,这些缺陷限制了短波应用的发展。目前常用的是微波通信。

微波的信号频率范围在 $300\sim300GHz$,现已广泛应用于无线网络和移动通信。其主要特点有:

(1) 频率高,频段范围宽,通信信道容量较大。

(2) 工业电波干扰和自然电波干扰对微波通信的危害远小于短波通信,传输质量高。

(3) 直线传播,没有绕射功能,因此,中间不能有障碍物。

(4) 隐蔽性和保密性较差。

上述特点使微波通信主要有两种应用方式:地面微波中继通信和卫星通信。

1) 地面微波中继通信

由于微波在空间是沿直线传播的,而地球表面是个曲面,所以地面传输的距离受到一定的限制,一般只有 50km 左右。如果采用 100m 的天线塔,则距离可增至 100km。为了实现远距离通信,必须在一条无线电通信信道的两个终端之间建立若干个中继站。中继站把一前一站送来的信号经过放大后再送到下一站,故把这种通信方式称为微波中继通信。这很适合局域网。微波中继通信可以传输电话、电报、图像、数据等信息。

2）卫星通信

卫星通信是利用人造卫星上的微波天线接收地球发送站发送的信号，信号经过放大后再转发回地球接收站，实现各地之间的通信。用于微波通信的卫星是定位于距地球36000km上空的一种人造同步地球卫星。所谓"同步"是指它沿着轨道转的角频率与地球自转的角频率相同，所以它相对地球的位置始终是固定的。目前常用的卫星通信频段约为4～6GHz，即上行（从地球发送站发往卫星）频率为5.925～6.425GHz，下行（从卫星转发到地球接收站）频率为3.7～4.2GHz，频段宽度都是500MHz。由于这个频段已经非常拥挤，因此目前也使用频率更高些的12～14GHz频段，甚至还使用更高的频段。一个典型的通信卫星通常有12个转发器，每个转发器的频带宽度为36MHz，可用来传输50Mbps速率的数据。

因为同步卫星发出的电磁波能辐射到地球上的广阔地区，其通信覆盖地区的跨度达18 000km，相当于三分之一的地球表面。这样，通信距离可以很远且通信费用与距离无关。只要在地球赤道上空的同步轨道上，等距离地放置3颗相隔120°的同步卫星，就能基本上实现全球范围内的通信。卫星通信具有通信容量大、可靠性高等优点，已成为未来社会通信技术的发展方向。

但是，卫星通信有很大的传播延时，而地球上各卫星接收站的天线仰角不相同，因此，不管两个卫星接收站之间的地面距离相隔多少，从一个地球站经卫星到另一个地球站的传播延时都要在250～300ms之间。

5.5　Internet 及其应用

Internet 是多个网络互联而成的网络的集合。从网络技术的观点来看，Internet 是一个以传输控制协议/网际协议（TCP/IP）通信协议连接世界范围内计算机网络的数据通信网。从信息资源的观点来看，Internet 是一个集各领域、各学科的各种信息资源为一体，开放的数据资源网。

5.5.1　Internet 基础

Internet 是世界上规模最大、覆盖面最广、拥有资源最丰富、影响力最大、自由度最大且最具影响力的计算机互联网络，它将分布在世界各地的计算机采用开放系统协议连接在一起，用来进行数据传输、信息交换和资源共享。

1. Internet 起源与发展

Internet 这个词来源于"International"与"Network"两个词的合称，顾名思义，Internet 是网络互联的结果。它将各种各样的物理网络互联起来，构成一个整体，不管这些网络的类型是否相同、规范是否一样、距离是远是近。Internet 是按层次结构在逻辑上把各网络组织起来的。一般说来，凡是采用 TCP/IP（传输控制协议/网际协议）协议并能够与 Internet 上的任何一台计算机进行通信的计算机都可看成是 Internet 的一部分。

Internet 最早起源于美国国防部在 1969 年创建的国防部高级研究计划署网络（Advance Research Projects Agency Network，ARPANET）。1983 年，ARPANET 被分成

两部分：一部分是专门用于国防的 Milnet，另一部分仍然叫 ARPANET。它们之间保持着互连状态，彼此之间能进行通信和资源共享。从 1969 年创建的 ARPANET 到 1983 年是 Internet 发展的第一阶段，即研究试验阶段。当时连接在 Internet 的计算机约为 200 台。

从 1983 年到 1994 年是 Internet 发展的第二阶段，即 Internet 在教育和科研领域广泛使用的实用阶段，其核心是 NSFNET 的形成和发展。1986 年，美国国家科学基金委员会（National Science Foundation，NSF）制订了一个使用超级计算机的计划，即在全美设置若干个超级计算机中心，并建设一个主干网，把这些中心的计算机连接起来，形成一个 NSFNET，称为 Internet 的主体部分。

我国于 1994 年开始与 Internet 相连，目前已有多个拥有独立出入口信道、面向公众经营业务的计算机互联网络与 Internet 相连，它们是中国公众网（CHINANET）、中国教育科研网（CERNET）、中国科技网（SCTNET）、中国金桥网（CHINAGBN）、中国联通网（UNINET）等。这些互联网络构成了中国大陆的 Internet 服务机构，任何中国的用户要连入 Internet 都必须通过上述服务机构之一才能实现。

2. Internet 基本结构

Internet 的结构大致分为 5 层。

1）第一层为互联网交换中心（NAP）层

NAP 是为提高不同的 ISP 之间的互访速率，节约有限的骨干网络资源，在全国或某一地区内建立的统一的一个或多个交换中心，为国内或本地区的各个网络的互通提供一个快速的交换通道。建立 NAP 的目的是实现 Internet 数据的高速交换。

2）第二层为全国性骨干网层

主要是一些大的 IP 运营商和电信运营公司经营的全国性 IP 网络。这些运营商成为网络的骨干。

3）网络的提供者

第三层为区域网，类似于第二层，但其经营地域范围较小。

4）第四层为互联网服务提供商（Internet Service Provider，ISP）层

ISP 是 Internet 网络的基本服务单位，实现灵活的服务。与本地电话网、传输网有直接的联系，为信息源及信息提供者提供接入服务。

5）第五层为用户接入层

第五层包括用户接入设备和用户终端。

3. Internet 基本组成

Internet 主要是由通信线路、路由器、计算机设备与信息资源等部分组成的。

1）通信线路

通信线路是 Internet 的基础设施，负责将 Internet 中的路由器与主机等连接起来，如光缆、铜缆、卫星、无线等。通信线路带宽越宽，传输速率越高，传输能力也就越强。我们使用"带宽"与"传输速率"等术语来描述通信线路的数据传输能力。通信线路的最大传输速率与它的带宽成正比。通信线路的带宽越宽，它的传输速率也就越高。

2）路由器

路由器是 Internet 中最为重要的设备，它实现了 Internet 中各种异构网络间的互联，并提供最佳路径选择、负载平衡和拥塞控制等功能。

　　当数据从一个网络传输到路由器时,它需要根据数据所要到达的目的地,通过路径选择算法为数据选择一条最佳的输出路径。如果路由器选择的输出路径比较拥挤,路由器负责管理数据传输的等待队列。当数据从源主机出发后,往往需要经过多个路由器的转发,经过多个网络才能到达目的主机。

　　3) 计算机设备

　　接入 Internet 的计算机设备可以是普通的 PC 或笔记本电脑,也可以是巨型机等其他设备,是 Internet 不可缺少的设备。计算机设备分服务器和客户机两大类,服务器是 Internet 服务和信息资源的提供者,有 WWW 服务器、电子邮件服务器、文件传输服务器、视频点播服务器等,它们为用户提供信息搜索、信息发布、信息交流、网上购物、电子商务、娱乐、电子邮件、文件传输等功能。客户机是 Internet 服务和信息资源的使用者。

　　在 Internet 中提供了很多类型的服务,例如电子邮件、远程登录、文件传输、WWW 服务、Gopher 服务与新闻组服务等。通过这些 Internet 服务,我们可以在网上搜索信息、相互交流、网上购物、发布信息、进行娱乐等。

　　4) 信息资源

　　在 Internet 中存在着很多类型的信息资源,例如文本、图像、声音与视频等多种信息类型,并涉及社会生活的各个方面。通过 Internet,我们可以查找科技资料、获得商业信息、下载流行音乐、参与联机游戏或收看网上直播等。

5.5.2　Internet 应用

1. WWW 服务

　　WWW(World Wide Web)的含义是"环球网",俗称"万维网"或 3W 或 Web 等。它是一种交互式图形界面的 Internet 服务,它具有强大的信息连接功能,是目前 Internet 中最受欢迎的、增长速度最快的一种多媒体信息服务系统。

　　WWW 是基于客户机/服务器模式的信息发送技术和超文本技术的综合,WWW 服务器把信息组织为分布的超文本,这些信息节点可以是文本、子目录或信息指针。WWW 浏览程序为用户提供基于超文本传输协议(Hyper Text Transfer Protocol,HTTP)的用户界面,WWW 服务器的数据文件由超文本标记语言(Hyper Text Markup Language,HTML)描述,HTML 利用统一资源定位器(Universal Resource Locator,URL)完成超媒体链接,并在文本内指向其他网络资源。

　　超文本传输协议(HTTP)是一个 Internet 上的应用层协议,是 Web 服务器和 Web 浏览器之间进行通信的语言。所有的 Web 服务器和 Web 浏览器必须遵循这一协议才能发送或接收超文本文件。HTTP 是一种客户机/服务器体系结构,提供信息资源的 Web 节点(即 Web 服务器)可称作 HTTP 服务器,Web 浏览器则是 HTTP 服务器的客户。WWW 上的信息检索服务系统就是遵循 HTTP 协议运行的。在 HTTP 的帮助下,用户可以只关心要检索的信息,而无需考虑这些信息存储在什么地方。为了从服务器上把用户需要的信息发送回来,HTTP 定义了 Web 通信的 4 个步骤:

　　(1) 用户与服务器建立连接。

　　(2) 用户向服务器递交请求,在请求中指明所要求的特定文件。

　　(3) 如果请求被接受,那么服务器发回一个应答,在应答中至少包括状态编号和该文件内容。

（4）用户与服务器断开连接。

在 Internet 上，超文本传输协议 HTTP、Web 服务器和 Web 浏览器是构成 WWW 的基础。Web 服务器提供信息资源，Web 浏览器将信息显示出来，而超文本传输协议 HTTP 是 Web 服务器和 Web 浏览器之间联系的工具。从信息资源的角度讲，WWW 是 HTTP 服务器网络的集合体，也是用 HTTP 可读写的全球信息的总体。

统一资源定位器 URL 是在 WWW 中标识某一特定信息资源所在位置的字符串，是一个具有指针作用的地址标准。在 WWW 上查询信息，必不可少的一项操作是在浏览器中输入查询目标的地址，这个地址就是 URL，也称 Web 地址，俗称"网址"。一个 URL 指定一个远程服务器域名和一个 Web 页。换言之，每个 Web 页都有唯一的 URL。URL 也可指向 FTP、WAIS 和 gopher 服务器代表的信息。通常，用户只需要了解和使用主页的 URL，通过主页再访问其他页。当用户通过 URL 向 WWW 提出访问某种信息资源时，WWW 的客户服务器程序自动查找资源所在的服务器地址，一旦找到，立即将资源调出供用户浏览。

使用 WWW 浏览程序（例如 Internet Explore、Netscape、Mosaic 等）时，网页（Home Page）的超文本链接将引导用户找到所需要的信息资源。超文本文档包含一些标题、章节等构造文本的命令，从而允许浏览程序格式化为一种文本类型，以获得最佳的屏幕显示效果，有的浏览程序还可调用其他的应用程序，以显示特殊类型的文档。

2. WWW 的特点

Internet 上的资源具有极强的分布性特性；提供了通用的网关接口，从而可以支持各种计算机、操作系统、用户界面及各种信息服务；支持各种信息资源和各种媒体的演播，例如文本、图像、声音、动画和各种视频等类型的信息服务；具有广泛的用途，例如，各种组织机构的介绍、电子报纸和电子刊物、电子图书馆和博物馆、虚拟现实、个人信息等。

1）WWW 的工作过程

WWW 整个系统由 Web 服务器、Web 浏览器（browser）和 HTTP 通信协议三部分组成。HTTP 是为分布式超媒体信息系统设计的一种网络协议，主要用于域名服务器和分布式对象管理，它能够传送任意类型数据对象，以满足 Web 服务器与客户之间多媒体通信的需要，从而成为 Internet 中发布多媒体信息的主要协议。

Internet 的用户只要在自己的计算机上运行一个客户程序（WWW 浏览器），并给出需要访问的 URL 地址，就可以尽情浏览来自远方或近邻的各种信息。WWW 工作过程为：首先通过局域网，或通过电话拨号连入 Internet，并在本地计算机上运行 WWW 浏览器程序，然后根据想要获得的信息来源，在浏览器的指定位置输入 WWW 地址，并通过浏览器向 Internet 发出请求信息，此时网络中的 IP 路由器和服务器将按照地址把信息传递到所要求的 WWW 服务器中，而 WWW 服务器不断在一个端口（端口号为 80）上侦听用户的连接请求，当服务器接收到请求后，找到所要求的 Web 页面，最后服务器将找到的页面通过 Internet 传送回用户的计算机，浏览器接收传来的超文本文件，转换并显示在计算机屏幕上。WWW 工作过程如图 5.15 所示。

2）WWW 浏览器

WWW 的客户端程序被称为 WWW 浏览器，它是用来浏览 Internet 的主要的软件。WWW 的广泛应用要归功于第一个 WWW 浏览器 Mosaic 的问世，自 Mosaic 之后，各种

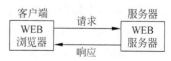

图 5.15　WWW 工作过程

浏览器层出不穷。目前主要流行的 Web 浏览器有 Netscape Navigator 和 Microsoft Internet Explorer 两种。

URL 是 Web 页的地址,一个 URL 包括以下几部分:协议、主机域名、端口号(任选)、目录路径(任选)和一个文件名(任选),其格式为:

Scheme: //host. Domain [: port] path/filename

其中,scheme 指定服务器连接的方式(协议),通常有下列几种:

(1) file:本地计算机上的文件。

(2) ftp:FTP 服务器上的文件。

(3) gopher:Gopher 服务器上的文件。

(4) http:WWW 服务器上的超文本文件。

(5) New:一个 UseNet 的新闻组。

(6) telnet:一个 Telnet 站点。

(7) Wais:一个 WAIS 服务器。

(8) mailto:发送邮件给某人。

在地址的冒号之后通常是两个反斜线,表示后面是指定信息资源的位置(服务器域名),其后是一个可选的端口号,地址的最后部分是路径或文件名。如果端口号是默认值,表示使用与某种服务方式对应的标准端口号(如 http 标准端口号为 80,ftp 标准端口号为 21,telnet 标准端口号为 23)。根据查询要求的不同,给出的 URL 中目录路径这一项可有可无。如果在查询中要求包括文件路径,那么,在 URL 中就要具体指出要访问的文件名称。

下面是一些 URL 的例子,如 http://www. cctv. com(中国中央电视台网址)、http://bbs. tsinghua. edu. cn(清华大学 BBS 网址)和 ftp://ftp. xjtu. edu. cn(西安交通大学文件服务器)。

3) 浏览器的缓存和 Cookie

使用 WWW 浏览器的用户一般会频繁地浏览网站的 Web 页,并且在同一时间里重复访问一个网站的可能性比较大。为了提高文档的查阅效率,浏览器可以使用缓存。浏览器将用户查看的每个文档或者图像置于用户本地磁盘。当需要文档时,浏览器在网络服务器请求文档服务前,首先检查缓存,如果有就直接从缓存中调出,否则由服务器为其提供服务。这样既可以缩短用户查询的等待时间,又可以减少网络中的通信量。为了帮助用户控制浏览器处理缓存,许多浏览器允许用户调整缓存策略。用户可以设置缓存的时间限制,并且在浏览时间到期后,从缓存中删除保留的文档。另外,浏览器也提供了人工强制删除缓存文档的手段供用户使用。

Cookie 原本是指配着牛奶一起吃的饼干,但是在网络世界中则有不同的含义。Cookie 是由 Netscape 开发并将其作为持续保存状态信息和其他信息的一种方式,目前绝大多数的浏览器(包括 IE)都支持 Cookie 协议。Cookie 是一个存储于浏览器目录中的文本文件,记录用户访问一个特定站点的信息,且只能被创建这个 Cookie 的站点读回,约由 255 个字符组成,仅占 4KB 硬盘空间。当用户正在浏览某站点时,它存储于用户机的随机存储器 RAM 中,退出浏览器后,它存储于用户的硬盘中。存储在 Cookie 中的大部分信息是普通的,当用户浏览一个站点时,此文件记录了每一次的击键信息和被访站点的地址。因为 Cookie 是以标准文本文件形式存储的,不会传递任何病毒,所以从普通用户意义上讲,Cookie 本身是安全可靠的。但是许多 Web 站点使用 Cookie 来存储针对私人的数据,例如,注册口令、用户名、信用卡编号等,将这些重要的信息存储在硬盘中,会有潜在的危险。有两种方法可以供用户选择:一是通过浏览器的设置强行关闭 Cookie,不允许用户在硬盘中使用 Cookie;另外可以使用浏览器人工强制删除硬盘中的 Cookie。

3. 电子邮件

电子邮件简称 E-mail,它是结合了电话的速度和邮政的安全可靠性能,利用计算机互联网络进行信息交换的一种通信方式。在几秒到几分钟之内,将信件送往分布在世界各地的邮件服务器中,那些拥有电子邮件地址的收件人可以随时收阅。这些信件可以是文本,也可以是图片、声音或其他程序产生的文件,还可以通过电子邮件订阅各种电子新闻杂志等。电子邮件是 Internet 上应用范围非常广泛的服务。

1) 电子邮件的收发过程

在 Internet 上收发电子邮件时,发送端与接收端的计算机并不直接进行通信。它们是通过各自所注册的邮件服务器主机进行"存储转发"的。发送端计算机送出邮件,首先到达自己所注册的邮件服务器主机,然后在网络传输过程中经过多个计算机和路由器的中转,最后到达目的邮件服务器主机,送入收信人的电子邮箱。当邮件的接收者上网并启动电子邮件管理程序,它就会自动检查邮件服务器中的电子邮箱,一旦发现新邮件,就立刻下载到自己的计算机上,完成接收邮件的任务。电子邮件的收发过程如图 5.16 所示。

图 5.16　电子邮件收发过程

2) 电子邮件地址格式

为了确保能够在全球范围内顺利地收发 E-mail,每个用户都必须使用统一的 E-mail 地址格式。在 Internet 上 E-mail 地址的标准格式为用户名@E-mail 服务器域名。

例如,wm_ssgz@163.net。

其中用户名由英文字母组成,不分大小写,用于鉴别用户身份,又称做注册名,不一定是用户的真实姓名,只要自己好记,又不容易与别人重名即可,如 wm_ssgz;@的含义和发音与 at 相同;E-mail 服务器域名为 E-mail 邮箱所在的 E-mail 服务器的域名,如 163.net。wm_ssgz @163.net 的含义是 wm_ssgz 在 163.net 上。

3) 收发电子邮件的常用工具

收发电子邮件的常用工具软件很多,主要有 Foxmail 和 Outlook。目前,大多数人也在使用 WEB 的方式登录电子邮箱进行邮件收发。

4. 远程登录

远程登录(Telnet)是指用户从本地计算机登录到远程计算机上,能通过本地计算机操作来使用远程计算机上的资源,就好像在用本机资源一样方便。

远程登录是 Internet 的基本服务之一,这种服务是在 Telnet 协议的支持下,将用户计算机与远程主机连接起来,在远程计算机上运行程序,将相应的屏幕显示传送到本地机器,并将本地的输入送给远程计算机,由于这种服务基于 Telnet 协议且使用 Telnet 命令进行远程登录,故称为 Telnet 远程登录。

1) 远程登录概念

Telnet 是基于客户机/服务器模式的服务系统,它由客户软件、服务器软件及 Telnet 通信协议三部分组成。远程计算机又称为 Telnet 主机或服务器,本地计算机作为 Telnet 客户机来使用,它相当于远程主机的一台虚拟终端(仿真终端),通过它用户可以与主机上的其他用户一样共同使用该主机提供的服务和资源。

2) Telnet 的基本功能

(1) 必须实现 Telnet 协议,包括数据传输格式、传输过程的控制和管理等。

(2) 在用户终端与远程主机之间建立一种有效的连接。

(3) 运行 Telnet 程序时有两种基本状态或方式。

一种是命令状态,在这种程序状态下,用户的操作都被用户机作为命令处理;另一种是在线状态,在这种程序状态下,用户的操作都被传送给远程主机,所以这种状态,也被称为输入状态或输入方式。显然,只有进入了在线状态,用户计算机对于远程主机才能起到终端机作用,从这一意义上讲,Telnet 程序也被称为终端仿真通信程序。常用 Telnet 命令如表 5.1 所示。

(4) 在用户机与远程主机处于连接状态时,也允许在线状态和命令状态互相切换,只有这样,才能在不断开连接的情况下,让用户计算机完成一些自己的处理任务,例如把从远程主机来的信息存入文件或进行其他处理,共享远程主机上的软件和数据资源以及利用远程主机上提供的信息查询服务进行信息查询。

表 5.1　常用 Telnet 命令

常用命令	功 能 描 述	常用命令	功 能 描 述
help	联机帮助命令	send	向远程主机发送特别字符
open	建立与远程主机的连接	set	设置工作参数
close	正常结束远程会话,回到命令方式	status	显示状态信息
display	显示工作参数	toggle	改变工作参数
mode	进入行命令或字符方式	quit	关闭 Telnet 会话并退出

3) Telnet 的工作过程

在运行 Telnet 客户程序后,首先应该建立与远程主机的 TCP 连接,从技术上讲,就是在一个特定的 TCP 端口(端口号一般为 23)上打开一个套接字,如果远程主机上的服务器软件一直在这个端口上侦听连接请求,则这个连接便会建立起来,此时用户的计算机就成为该远程主机的一个终端,便可以进行联机操作了,即以终端方式为用户提供人机界面。然后将用户输入的信息通过 Telnet 协议便可以传送给远程主机,主机在 TCP 端口上侦听到用户的请求并处理后,将处理的结果通过 Telnet 协议返回给客户程序。最后客户机接收到远程主机发送来的信息,并经过适当的转换显示在用户计算机的屏幕上。

5. 文件传输

文件传输是用户在网上发送或接收非常大的程序或数据文件。文件传输可以是双向的,用户可以把自己的文件发送到网络上传给网上的某个主机,称为“上传”;用户也可以从网络上接收来自某个主机的文件,并存于本地磁盘中,称为“下载”。

　　使用 FTP 首先必须登录,在远程计算机上获得相应的权限后,方可进行工作。Internet 上有许多 FTP 服务的站点,我们不可能在每一站点上都拥有账号。要在没有账号的站点上登录并进行工作,可以使用匿名 FTP 解决这个问题。通过 FTP 程序连接匿名 FTP 主机时,在系统提出用户标识时输入 Anonymous,口令可以是任意字符串。习惯上用自己的 E-mail 地址作为口令,使得系统维护程序能够记录下谁在此存取文件。需要说明的是,如果 Internet 上的主机不提供匿名服务,则无法登录,但是大多数是提供匿名服务的。

　　FTP 的使用较为简单,可以在浏览器的地址栏中输入 FTP 的地址,如图 5.17 所示,也可以直接运行 FTP 客户程序,这时直接后缀一个域名或 IP 地址与远程 FTP 服务器建立连接(FTP 域名/IP 地址),或者进入 FTP 后用 open 命令建立连接(>ftp open 域名/IP 地址),建立连接后,系统会提示用户输入用户名和密码。如果输入用户名和密码没有问题,用户就可以使用 FTP 命令进行文件传输和其他操作了。

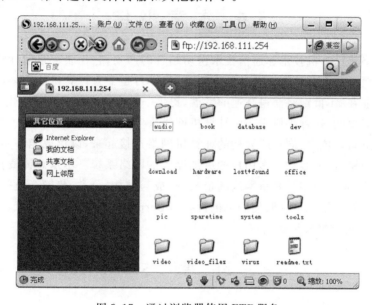

图 5.17　通过浏览器使用 FTP 服务

6. 新闻讨论与公告栏

　　由于 Internet 的广泛普及,因此,它成为人们相互联系、交换信息和发布信息的场所。网络新闻(USENET)、公告牌系统(BBS)往往就是供那些对公共主题感兴趣的人们相互讨论、交换信息的场所。

　　网络新闻是一种利用网络进行专题讨论的国际论坛。到目前为止,USENET 仍然是最大规模的网络新闻组。USENET 拥有数以千计的讨论组,每个讨论组都围绕某个专题展开讨论。需要说明的是,USENET 并不是一个网络系统,只是建立在 Internet 上的逻辑组织。用户可以使用新闻阅读程序访问 USENET 服务器,发表意见,阅读网络新闻。

　　BBS 是 Internet 提供的一块公共电子白板,每个用户都可以在上面书写、发表或提出看法。早期的 BBS 服务是一种基于远程登录的服务,要想使用 BBS 服务的用户,必须首先利用远程登录功能登录到 BBS 服务器上。每台 BBS 服务器都有允许同时登录人数的限制,如果人数已满则必须等待。国内许多大学的 BBS 都是采用这种方式。目前,很多 BBS 站点开始使用 WWW 访问方式,用户只要连接到 Internet 上,就可以直接用浏览器阅读其他用户的留言,或者发表自己的意见。

7. 网络电话(Internet Phone)

网络电话是利用国际互联网作为传输媒体进行语音通信的最新通信技术。它最早的实现方式为 P2P 形式,即双方都利用电子计算机的多媒体技术实现通信,通话双方的计算机不但都要上网,而且都必须配备声卡、话筒、音箱等计算机外围设备。由于通话双方既要具备网络计算机,又要事先约定同时开机上网,因此比起传统的电话方式过于麻烦。后来又出现了 PC To Phone,即拨号端利用计算机,而接收端只需拥有普通电话即可通话。现在是 Phone To Phone 方式,即通话双方都只需拥有普通电话即可实现网络电话通信功能。利用网络电话拨打国际长途,声音清晰,没有回声,没有延时,费用低。

5.6 本 章 小 结

计算机网络是计算机技术和通信技术密切结合的产物,它代表了目前计算机体系结构发展的一个重要方向。在计算机普及的今天,网络平台是个人计算机使用环境的一种必然选择。信息工业在 21 世纪将获得高速的发展,提供一种全社会的、经济的、快速的存储信息的手段是非常必要的,这种手段主要由计算机网络来实现。网络互联是为了将两个或者两个以上具有独立自治能力、同构或异构的计算机网络连接起来,以形成能够实现数据流通、扩大资源共享范围,或者容纳更多用户的更加庞大的网络系统。本章总体概括介绍计算机网络的相关知识,重点介绍计算机网络的定义、组成与结构、分类、传输介质等内容,并介绍了什么是网络互联以及网络互联使用到的设备,Internet 的起源及发展现状、基本结构和组成、Internet 提供的网络应用等内容。

习 题 5

一、选择题

1. Internet 与 LAN 之间的根本区别是( )。
   A. 通信介质不同　　　　　　　　　B. 范围不同
   C. 提供的功能不同　　　　　　　　D. 采用的协议不同
2. 下列对 Internet 的叙述最完整的是( )。
   A. 不同的计算机之间的互连
   B. 全球范围内的所有计算机和局域网间的互联
   C. 用 TCP/IP 协议把全世界众多局域网和广域网连在一起的一个大的计算机互联网络
   D. 世界范围的所有局域网通过 ISO/OSI 协议的互联
3. Internet 起源于( )。
   A. BITNET　　　B. NSFNET　　　C. ARPANET　　　D. CSNET
4. 下列选项不属于 Internet 的特点的是( )。
   A. 采用 7 层协议

    B. 用户和应用程序不必了解硬件连接的细节

    C. 建立通信和传输数据的一系列操作与低层网络技术和信宿机无关

    D. 网间网的所有计算机共享一个全局的标识符

5. 交换机和网桥属于 OSI 模型的哪一层？（   ）

    A. 数据链路层　　　B. 传输层　　　　　　C. 网络层　　　　　D. 会话层

6. 路由器属于 OSI 模型的哪一层？（   ）

    A. 数据链路层　　　B. 传输层　　　　　　C. 网络层　　　　　D. 物理层

7. OSI 模型是由下列哪个标准化组织开发的？（   ）

    A. IEEE　　　　　B. ITU　　　　　　　C. OSI　　　　　　D. ISO

二、问答题

1. 什么是计算机网络？

2. 计算机网络组成的三要素是什么？

3. 计算机网络可从几方面进行分类？

4. 简单说明 OSI 七层模型中每一层的主要功能。

5. 描述在 OSI 参考模型中数据传输的基本过程，并说出在物理层、数据链路层、网络层和传输层的数据传送单元分别是什么。

6. 简述 Internet 的形成与发展过程。

7. 除了本章介绍的 Internet 的网络应用外，你还知道哪些 Internet 提供的服务？

第6章

计算机技术

本章学习目标

- 掌握数据库系统的基本概念；
- 掌握多媒体技术的基本概念及应用；
- 掌握信息安全的基本概念。

6.1 数据库系统

6.1.1 数据库系统概述

随着信息管理水平的不断提高，应用范围的日益扩大，信息已成为企业的重要财富和资源，同时，管理信息的数据库技术也得到了很大的发展，其应用领域越来越广泛。人们在不知不觉中扩展着对数据库的使用，比如信用卡购物，飞机、火车订票系统，图书馆对书籍及借阅的管理等，无一不使用了数据库技术。从小型事务处理到大型信息系统，从联机事务处理到联机分析处理，从一般企业管理到计算机辅助设计与制造（CAD/CAM）、地理信息系统等，数据库系统已经渗透到人们生活的方方面面。数据库技术广泛应用于信息系统、事务处理系统、管理信息系统、决策支持系统、数据挖掘系统等，是计算机科学技术中发展最为迅速的领域之一，数据库中信息量的大小以及使用的程度是衡量一个国家和地区经济发展和信息化水平的重要标志。

1. 数据库系统组成

数据库（Database，DB）是指以一定的组织方式存储的相互关联的数据的集合。这些数据能够长期存储、统一管理和控制并且能够被不同用户所共享，具有数据独立性及最小冗余度。简单地说，数据库技术就是研究如何对数据进行科学的管理，以提供可共享、安全、可靠的数据。

数据库系统本质上是一个用计算机存储和管理数据的系统。数据库系统（Database System，DBS）是DB、DBMS、DBA、用户和计算机系统（Computer System，CS）的总和。如图6.1所示是一个数据库系统的组成。

数据库管理员（Database Administrator，DBA）是

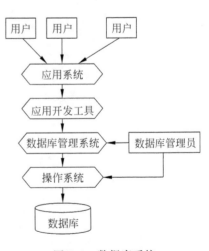

图 6.1 数据库系统

专门对数据库进行规划、设计、管理、协调和维护的工作人员,主要任务是确定数据库的结构和具体内容,确定数据库的存储结构和存取策略,定义数据库的安全性要求和完整性约束条件,监控数据库系统的使用及运行。

数据库管理系统(Database Management System,DBMS)是对数据库进行管理的软件系统,是数据库系统的核心。在计算机系统中位于操作系统与用户或应用程序之间,主要功能包括数据定义、数据操纵、数据组织、存储和管理、数据库的建立和维护、数据通信接口。图6.2所示为数据库应用系统实现的层次。

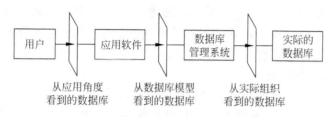

图6.2　数据库应用系统实现的层次

一个典型的数据库应用系统涉及应用程序和数据库管理两个层面的软件,如图6.2所示。应用软件处理数据库与用户间的通信,并不直接处理数据库。对数据库的实际处理由数据库管理系统来完成。一旦应用软件确定了用户的活动需求,它就利用DBMS作为工具来得到这些结果。如果用户要求检索信息,就由DBMS实际完成所要求的搜索。

应用软件与DBMS分离可以使应用软件的设计大大地简化。比如,应用软件就无须关心数据库到底是存放在单一的一个机器里,还是像分布式数据库(Distributed Database)那样,分散存放在一个网络中的许多机器里。除此以外,应用软件与DBMS分离也可以实现数据独立性(Data Independence),即数据库组织本身有改变,却无须改变应用软件。

2. 数据库系统的模式结构

数据库系统通常采用三级模式结构,进而保证了数据与程序的逻辑独立性和物理独立性,三级模式也是数据库管理系统内部的系统结构,如图6.3所示。

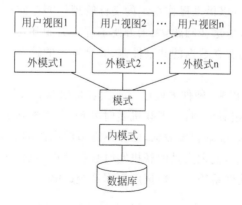

图6.3　数据库系统的三级模式结构

1) 模式

模式也称逻辑模式,是对数据库中全体数据的逻辑结构和特征的描述,是面向全体用户的基本数据视图。模式层中定义了数据模型和模式图表,一个数据库系统中只有一个模式。

2) 外模式

外模式也称子模式或用户模式,是对数据库用户可见并使用的局部数据的逻辑结构和特征的描述,是数据库用户的数据视图,通常与某一应用需求相对应。这层将来自模式层的数据转化为用户所熟悉的格式和视图,外模式通常可以有任意多个。

视图能够简化用户的操作,使用户能以多种角度看待同一数据,对数据库的重构提供了一定程度的逻辑独立性,同时对机密数据提供安全保护。

3) 内模式

内模式是对数据物理结构和存储结构的描述,是数据在数据库内部的表示方法。内模式决定数据存储在存储设备中的实际位置,并处理数据的存取方法及数据在设备间的数据传输。数据库系统的内模式也只有一个。

3. 数据库技术发展历史

人们借助计算机进行数据处理是最近四五十年的事,数据管理要完成数据的分类、组织、编码、存储、检索和维护。数据库技术发展的驱动力在于人们对数据管理任务的需求。伴随着计算机硬件的迅速发展,数据库管理技术也得到了极大的进步,可以将其发展分为人工管理、文件系统和数据库系统三个阶段。

1) 人工管理阶段

20 世纪 50 年代中期以前,计算机主要用于科学计算。当时的硬件状况是,外存只有纸带、卡片、磁带,没有磁盘等直接存取的存储设备;软件状况是,没有操作系统,没有管理数据的软件,数据处理方式是批处理。这个阶段数据管理的特点是数据不能长期保存,数据没有统一的管理平台,应用程序必须确定自己所管理的数据的逻辑结构、物理结构、存取方式、输入输出等。此外数据不能共享,数据也不具有独立性。

2) 文件系统阶段

20 世纪 50 年代后期到 60 年代中期,随着软硬件技术的发展,硬件方面有了磁盘、磁鼓等直接存取存储设备;软件方面,操作系统中已经有了专门的数据管理软件——文件系统,处理方式上不仅有了批处理,而且能够联机实时处理。这个阶段采用文件系统来管理数据,数据可以长期保存,数据可以借助操作系统的文件管理长期存储在磁盘等外存设备中,程序员无需在程序设计中再考虑这些问题,大大方便了程序员的开发工作,使得数据与程序之间有了一定的独立性。但仍存在数据的共享性差、冗余度大的缺点。

3) 数据库系统阶段

20 世纪 60 年代后期以来,硬件方面已有了大容量磁盘;软件方面,为编制和维护系统软件,应用程序所需成本相对增加,有了联机实时处理、分布式处理的应用需求。在这样的背景下,如果仍然用文件系统来管理数据,已经不能适应应用的发展需求。于是为解决多用户、多任务共享数据的要求,实现大量的联机实时数据处理,数据库技术便应运而生,出现了统一管理数据的专门的软件系统——数据库管理系统(DBMS)。数据库系统管理数据具有以下特点:

(1) 数据结构化

数据库系统中,用数据模型来描述数据结构,包括数据本身及数据之间的联系。数据不只针对某个应用程序,而要面向整个组织,具有整体数据的结构化。在数据库系统中,数据的存取方式也很灵活,存取对象可以是数据库中的某个数据项、一组数据项、一个记录或一组记录。数据结构化是数据库与文件系统的根本区别。

（2）数据共享性高，冗余度低，易扩充

由于数据面向整个系统，数据可以被多个用户、多个应用共享使用，从而方便共享，有效降低数据冗余度。

（3）数据独立性高

数据独立性包括数据的物理独立性和数据的逻辑独立性。物理独立性指用户的应用程序与存储在磁盘上的数据库中的数据是相互独立的，也就是说，当数据在物理存储上发生变化时，应用程序并不需要改变；逻辑独立性指用户的应用程序与数据库的逻辑结构是相互独立的，也就是说，当数据的逻辑结构发生变化，用户的应用程序也无须改变。

（4）专门的数据库管理系统

数据库中的数据都由 DBMS 统一管理和控制，DBMS 支持数据库的并发共享，并提供数据的安全保护、数据的完整性检查、数据库的恢复等功能。

① 数据的安全性（Security）保护

数据的安全性是指保护数据，以防止不合法地使用造成的数据的泄密和破坏。使每个用户只能按规定，对某些数据以某些方式进行使用和处理。

② 数据的完整性（Integrity）检查

数据的完整性指数据的正确性、有效性和相容性。完整性检查将数据控制在有效的范围内，或保证数据之间满足一定的关系。

③ 并发（Concurrency）控制

当多个用户的并发进程同时存取、修改数据库时，可能进程间会发生相互干扰而得到错误的结果或使得数据库的完整性遭到破坏，因此必须对多用户的并发操作加以控制和协调。

④ 数据库恢复（Recovery）

计算机系统的硬件故障、软件故障、操作员的失误以及故意的破坏也会影响数据库中数据的正确性，甚至造成数据库部分或全部数据的丢失。DBMS 必须具有将数据库从错误状态恢复到某一已知的正确状态（亦称为完整状态或一致状态）的功能，这就是数据库的恢复功能。

6.1.2 关系数据库

1. 数据模型

模型是对现实世界事物特征的模拟和抽象。计算机处理的对象主要是数据，并不能直接处理现实世界中的具体事物，这就需要将具体的事物转换成计算机能够处理的数据。实际上，模型就是一个工具，用来抽象、表示和处理现实世界中的数据和信息。

模型根据应用目的的不同，可以将这些模型分为两个层次，即概念模型和数据模型两类。

1）概念模型

概念模型也称信息模型，是现实世界到机器世界的第一层抽象，是按照用户的观点对数据和信息建模，与计算机系统无关。概念模型通常用于数据库的设计，它是数据库设计人员和用户之间进行交互的一种形式化描述。

现实世界中客观存在并可相互区别的事物称为实体。实体可以是具体的人、事、物，也可以是抽象的概念或联系。实体所具有的某一特性称为属性。一个实体通常由若干个属性描述。现实世界的事物与事物之间总是相互联系的,这些联系在信息世界中就反映为实体内部或实体之间的联系。实体内部的联系是指组成实体的各属性之间的联系;实体之间的联系是指不同实体集之间的联系,实体之间的联系通常有一对一、一对多、多对多3种。概念模型常用的表示方式是实体-联系(E-R)模型,E-R模型提供了表示实体型、属性和联系的方法。

假设存在学生与课程两个实体(可进一步参阅本节后边的学生-课程关系数据库示例),其中,一个学生可以选修多门课,一门课可以被多个学生选修,学生-课程的E-R模型如图6.4所示。

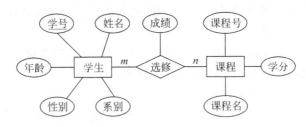

图 6.4　学生-课程的 E-R 图

2) 数据模型及三要素

数据模型是从计算机系统的观点出发对数据的建模。常用的数据模型有3种,包括层次模型、网状模型、关系模型。

(1) 层次模型

层次模型的基本思想就是用树形结构来表示各类实体以及实体之间的联系。层次模型具有的特点:有且只有一个节点没有双亲,该节点为根节点;根以外的其他节点有且只有一个双亲节点。通常,层次模型非常有利于表达一对一、一对多的联系,但多对多的联系不能用层次模型表示。层次模型中,数据之间的联系通过地址指针实现。

(2) 网状模型

网状模型在层次模型的基础上,允许节点无父节点,或者有多个父节点,数据之间的联系通过地址指针实现。与层次模型相比,网状模型具有更好的存取方式和灵活性,更利于实现实体间多对多的联系,但是,网状模型比层次模型要复杂得多,不易掌握,而且不易实现数据库结构的独立性。

(3) 关系模型

与层次模型和网状模型用地址指针实现数据之间的联系不同,关系模型以关系代数为基础,实体间通过公共属性实现联系,与数据的物理结构无关。目前,由于关系数据库的广泛应用,关系模型已经成为最重要的一种数据模型。

不论是概念模型还是数据模型,都是由数据结构、数据操作和完整性约束3个要素组成。

① 数据结构

数据结构是指所研究的数据库组成成分的类型的集合,用于描述系统的静态特征。

② 数据操作

数据操作指对数据库中数据允许执行的操作的集合,用于描述系统的动态特征。数据模型中必须定义操作(如检索、更新)的确切含义、操作符号、操作规则以及实现操作的规则。

③ 完整性约束

数据的约束条件是数据完整性规则的集合，指对给定的数据模型中数据及其联系所具有的制约和依存规则。

2. 关系数据库的基本概念

关系数据库系统是支持关系模型的数据库系统，关系数据库应用数学的方法来处理数据库中的数据。关系数据库最早起源于关系代数，通过大量的理论研究与实验，关系数据库的研发和应用取得巨大的商业成功，成为目前最重要、应用最广泛的数据库系统，出现了多种性能优越的商业关系数据库管理系统的产品，如 Oracle、Sybase、DB2、SQL Server、Access 等。下面简单介绍关系数据库的一些基本概念和模型。

关系模型由关系数据结构、关系操作集合和关系的完整性约束 3 部分组成。

1）关系数据结构

关系模型中，关系数据结构只有一种形式——表。整个系统中数据的逻辑都是表（关系）。

2）关系操作集合

关系模型中的操作有：选择、投影、连接、除、并、交、差、查询、插入、删除、修改等。关系操作的特点是：进行操作的对象和结果都是关系，即集合的操作方式。

3）关系的完整性约束

关系模型中，定义了三种完整性约束条件：实体完整性、参照完整性、用户自定义的完整性。实体完整性规定一个关系的主码（包括所有的主属性）不能为空；参照完整性规定外码必须是另一个关系的主码的有效取值，或为空；用户定义的完整性是根据应用需求而要求数据必须满足的语义的要求，如某一属性的取值范围。

在关系数据库中，关系、属性、元组、候选码、主码、主属性、外码等是几个最基本的概念。

1）关系

关系可以看作是一个行与列交叉的二维表，每一个交叉点都必须是单值的，每一列的所有数据都是同一类型的，每一列都有唯一的列名，行和列在表中的顺序都无关紧要，表中任意两行不能相同。

2）属性

关系中的每一列称为属性。关系中属性的总数称为关系的度。

3）元组

关系中的行称为元组。元组包含了一组属性。关系中元组的总数称为关系的基数。

4）候选码

候选码是关系中能够唯一地标识一个元组的某个属性或属性组，一个关系可以有多个候选码。

5）主码

一个关系中选定一个候选码作为关系的主码。

6）主属性

主码的各个属性称为主属性。

7）外码

在关系数据库中，为了实现表与表之间的联系，将一个表的主码作为公共属性放到另一个关系中,在另一个关系中起连接作用的属性称为外码。

关系数据库的例子:

设有一个学生-课程数据库,包括 3 个关系表。

1) 学生表: Student(Sno,Sname,Ssex,Sage,Sdept)

其中,Sno、Sname、Ssex、Sage、Sdept 分别代表学生的学号、姓名、性别、年龄、所在系。学号为主码。

2) 课程表: Course(Cno,Cname,Cpno,Ccredit)

其中,Cno、Cname、Cpno、Ccredit 分别代表课程的课程号、课程名、先行课号、学分。课程号为主码。

3) 学生选课表: SC(Sno,Cno,Grade)

其中,Grade 为成绩。

学生-课程关系数据库如图 6.5 所示。

学号 Sno	姓名 Sname	性别 Ssex	年龄 Sage	所在系 Sdept
95001	李勇	男	20	CS
95002	刘晨	女	19	IS
95003	王敏	女	18	MA
95004	张立	男	19	IS

课程号 Cno	课程名 Cname	先行课 Cpno	学分 Ccredit
1	数据库	5	4
2	数学		2
3	信息系统	1	4
4	操作系统	6	3
5	数据结构	7	4
6	数据处理		2
7	Pascal 语言	6	4

学号 Sno	课程号 Cno	成绩 Grade
95001	1	92
95001	2	85
95001	3	88
95002	2	90
95002	3	80

图 6.5   学生-课程数据库

6.1.3   结构化查询语言

结构化查询语言(Structured Query Language,SQL)由美国国家标准委员会(American National Standard Institute,ANSI)和国际标准化组织(International Organization for

Standardization, ISO)用于关系数据库的标准化语言。SQL 是一种通用的、功能极强的关系数据库语言,其功能不仅仅是查询。SQL 是一种描述性的语言,使用者无须编写详细的程序,只需要描述出自己的要求即可。目前 SQL 已经成为数据库领域的主流语言,几乎所有的关系数据库管理系统软件都支持 SQL,许多软件厂商还对 SQL 基本命令集进行了不同程度地修改和扩充。

1. SQL 的特点及功能

1) SQL 的特点

SQL 之所以能够成为数据库系统的语言标准,并为广大的用户所接受,原因在于 SQL 是一个通用的、功能强大的关系数据库语言,体现在以下几个方面。

(1)功能统一

SQL 是一个集数据查询、数据操纵、数据定义、数据控制于一体的关系数据库语言。SQL 不仅功能统一,语言风格也统一,便于学习使用。

(2)非过程性语言

用户只需说明做什么,而不需要说明怎么做,不必关心 SOL 命令的内部执行过程,也不必知道数据如何存储。

(3)面向集合的操作方式

SQL 语言中的操作对象与执行结果仍然是集合或关系。

(4)提供两种灵活的使用方式

SQL 既是独立的语言,也是嵌入式语言。作为独立的语言,SQL 可以直接在联机终端或客户端使用 SQL 命令实施对数据库的操作;作为嵌入式语言,SQL 还可以按照同样的格式,嵌入到其他语言中使用。这样,SQL 不能生成菜单、报表、格式化输出的缺陷可以得到弥补,开发人员可以利用其他的开发语言来实现生成界面等 SQL 不能达到的功能,从而开发出界面友好、功能强大、实用性强的数据库应用系统。

(5)简单、易学

SQL 设计巧妙,语言简洁。

2) SQL 的功能

SQL 除了具有功能强大且灵活的数据查询功能外,还具有数据定义、数据操纵、数据查询、数据控制等功能。

(1)数据定义

供用户简便地建立数据库和表的结构,包括定义、删除、修改表,建立和删除索引等。

(2)数据操纵

供用户实现表中数据的插入、删除、修改等操作。

(3)数据查询

供用户实现对表中数据内容的各种查询。

(4)数据控制

提供数据库系统并发控制、数据库恢复、数据库安全性和完整性等功能。

2. 简单实例

为了能够对 SQL 有较为直观的认识,下面来看一些简单的例子。例子中仍采用前边介绍的学生-课程数据库。

1）定义基本表。

基本表定义语句的一般形式：

```
CREATE TABLE <基本表名> (<属性名 1 ><数据类型 1 >[ NOT NULL],[<属性名 2 ><数据类型 2 >[ NOT
NULL]],[<完整性约束>])
```

2）使用 SQL 语句建立学生表 Student、Course 和学生选课成绩表 SC。

（1）创建基本表 Student：

```
CREATE TABLE Student
(Sno CHAR(4)NOT NULL,
Sname CHAR(8)NOT NULL,
Sage SMALLINT,
Ssex CHAR(2),
Sdept CHAR(20),
PRIMARY KEY (Sno));
```

（2）创建基本表 Course：

```
CREATE TABLE Course
(Cno CHAR(4)NOT NULL,
Cname CHAR(4)NOT NULL,
Cpno CHAR(4),
Ccredit CHAR(8),
PRAMARY KEY(Cno));
```

（3）创建基本表 SC：

```
CREATE TABLE SC
(Sno CHAR(4)NOT NULL,
Cno CHAR(4)NOT NULL,
Grade CHAR(8)SMALLINT,
PRAMARY KEY(Sno,Cno),
FOREIGN KEY(Sno) REFERENCES Student(Sn0),
FOREIGN KEY(Cn0) REFERENCES Course(Cn0)
);
```

根据实体完整性要求，一般来讲，一个属性若有 PRAMARY KEY 声明则隐含有 NOTNULL 约束。

3）在学生表 Student 中插入一个学生信息。设这个学生的信息如下：

学号：95001,姓名：王力,性别：男,年龄：20,所在系：计算机系(CS)。

SQL 语句如下：

```
INSERT INTO Student values ('95001','王力','男',20,'CS');
```

4）将学号为 95001 的学生信息从学生表 Student 中删除。

SQL 语句如下：

```
DELETE FROM Student WHERE Sno = '95001';
```

5）将编号为 5 的课程的学分改为 3。

SQL 语句如下：

```
UPDATE Course SET Ccredit = 3 WHERE Cno = '5';
```

6）查询学号为 95001 的学生的基本信息。

SQL 语句如下：

```
SELECT * FROM Student WHERE Sno = '95001';
```

7）在基本表 S 中查询年龄在 18～21 岁学生的姓名和性别。

SQL 语句如下：

```
SELECT Sname,Ssex FROM Student WHERE Sage > = 18 AND Sage < = 21;
```

8）在基本表 Student 中查询学号为 95001 的学生的姓名、所在系。

SQL 语句如下：

```
SELECT Sname,Sdept FROM Student WHERE Sno = '95001';
```

9）查询学号为 95001 的学生所选修的课程名。

SQL 语句如下：

```
SELECT Cname FROM SC,C WHERE SC.Cno = Course.Cno AND Sno = '95001';
```

此查询涉及两张表的连接。

以上只是一些简单的 SQL 语句实例，在后续的专业课程中还会学习到 SQL 的复杂应用，进一步理解和掌握 SQL 的强大的功能。

6.1.4 数据库技术的发展趋势

随着信息技术及其应用的进一步发展，分布式数据库、模糊数据库、空间数据库、多媒体数据库、数据仓库、信息存储与检索等已成为数据库领域的研究热点。

1）分布式数据库

分布式数据库是传统的数据库技术与计算机网络技术相结合的产物。分布式数据库由一组数据组成，这组数据分布在计算机网络的不同计算机上，逻辑上属于同一个系统，网络中的各个节点具有独立处理能力（也称为场地自治），可以执行局部应用，同时，也能够通过网络通信子系统执行全局应用，并统一由一个分布式数据库管理系统（Distributed Database Management System，DDBMS）进行管理。

分布式数据库具有数据的物理分布性、数据的逻辑整体性、数据的分布透明性、场地自治和协调、数据的冗余度低及冗余透明性等特点。分布式数据库系统研究的主要内容包括 DDBMS 的体系结构、数据分片与分布、冗余控制、分布式查询优化、分布式事务管理、并发控制、安全控制等。

2）模糊数据库

模糊数据库指能够处理模糊数据的数据库。一般的数据库都是以二值逻辑和精确的数据工具为基础的，不能表示许多模糊不清的事情。随着模糊数学理论体系的建立，现在已经可以用数量来描述模糊事件并能进行模糊运算。把不完全性、不确定性和模糊性引入数据库系统中,就形成了模糊数据库。模糊数据库的研究主要有两个方面:一是如何在数据库中存放模糊数据;二是定义和建立模糊数据上的代数运算。模糊数据表示心数、模糊集合数和隶属函数等。

3) 面向对象数据库

面向对象数据库和面向对象语言源于同一概念,但面向对象数据库又增加了一些传统的数据库所具有的特征:如持久性、并发控制、可恢复性、一致性和查询数据库的能力。一个面向对象的数据库系统必须满足两个标准:它首先应该是一个数据库管理系统;其次又是一个面向对象的系统,即在一个可能的范围内,它与当前的一批面向对象的程序设计语言一致。其面向对象的特征包括复杂对象、对象标识、封装性、类型或类、继承性、可扩充性及计算完备性。

4) 空间数据库

空间数据库是根据利用卫星遥感资源迅速绘制地图的应用需求发展而来的。空间数据库是描述、存储和处理空间数据及其属性数据的数据库系统。空间数据是用于表示空间物体的位置、形状、大小和分布特征等多方面信息的数据,可以描述二维、三维、多维分布的关于区域的现象。空间数据的特点是,不仅包括物体本身的空间位置及状态信息,还包括表示物体的空间关系(拓扑关系)的信息。

空间数据库技术研究的主要内容包括空间数据模型、空间数据查询语言、空间数据库管理系统(Spatial Database Management System,SDBMS)等。

5) 多媒体数据库

多媒体技术与传统的数据库技术相结合,就产生了多媒体数据库。多媒体数据库是描述、存储和处理多媒体数据及其属性的数据库系统,由相应的多媒体数据库管理系统(Multimedia Database Management System,MDBMS)进行管理。在多媒体数据库中,媒体作为信息的载体,多媒体数据通常指多种媒体,如数字、文本、声音、图形、图像、视频等。多媒体数据库具有媒体信息多样化、信息量大、处理复杂等特点。

多媒体数据库系统研究的主要内容有多媒体的数据模型、MDBMS的体系结构、多媒体数据的存取与组织技术、多媒体查询语言、多媒体数据的同步控制及多媒体数据压缩技术等。如果是在分布式环境下使用多媒体数据库,还应该研究媒体数据的高速数据通信等问题。

6) 数据仓库

信息系统的目的就是提供信息、辅助人们对环境进行控制和决策。借助数据仓库,人们可以利用一些相关技术来达到信息系统的这一根本目标。数据仓库就是一个面向主题的、集成的、不可更新的、随时间不断变化的数据的集合,用以支持企业或组织的决策分析处理。

数据仓库(Data warehouse)具有面向主题、数据集成、数据不可更新、数据不随时间变化的特点。利用日常数据库系统处理的、被保存了的大量业务数据以及数据分析工具,进行数据的分析处理得到某些结果,以供企业调整发展、经营策略。

在数据仓库中主要采用的分析处理海量数据的技术是数据挖掘技术。数据挖掘(Data Mining)是从数据仓库中发现并提取隐藏在内部的信息的一种技术。数据挖掘的目的是从大量的信息中发现和寻找数据间潜在的联系,它涉及了数据库技术、人工智能技术、机器学习、统计分析等多种技术,利用这些基础,数据挖掘技术能够实现数据的自动分析、归纳推理、发现数据间的潜在联系等功能,从而帮助企业调整市场策略。

7) 信息存储与检索

随着计算机应用的普及、计算机网络技术的不断发展和信息化建设的全面展开,更多的信息以电子信息的形式存在,并由计算机进行处理。在很多情况下,电子数据信息往往要比计算机系统设备本身的价值高出许多,尤其在金融、电信、商业、社保和军事等部门。另外,大量事实也已证明,科学规律的揭示往往还要依赖于长期保存的历史信息和科研数据。随着系统的不断运行,会有多种海量的数据信息被保留下来。

然而,保留大量的信息,目的是为了能够使用这些信息。那么,如何将各种各样的信息资源有效地组织起来,并在需要时能够快速查找出来,这就是信息检索(Index)要解决的问题。人们自然会想到用计算机作为检索工具,即计算机信息检索。广义上讲,计算机信息检索包含了信息存储和检索两个方面。

计算机信息存储指的是将大量的、无序的原始信息进行加工、筛选,从而形成有序的信息集合,并建立相应的数据库进行存储。信息存储是信息检索的基础,要迅速、准确的检索,还需要了解信息存储的原理、研究信息检索的理论和方法。信息检索指的是采用一定的方法与策略从数据库中查找出所需信息,其实质是将用户的检索标识与信息集合中存储的信息标识进行匹配,当用户的检索标识与信息存储标识匹配时,该信息就是要查找的信息。匹配形式既可以是完全匹配,也可以是部分匹配,具体要取决于用户的需要。

计算机信息检索经历了脱机批处理、联机检索、光盘检索与网络化检索 4 个阶段。随着我国通信事业与网络技术的飞速发展,检索效率得到了进一步的提高,网络信息资源也更加丰富,数字图书馆及各类信息服务已被广泛使用,标志着信息存储与检索进入了一个新的发展阶段。

还有其他一些类型的数据库,例如:并行数据库、嵌入式数据库和移动数据库等,这里不一一介绍了。

6.2 多媒体技术

6.2.1 多媒体的基本概念及其特点

人类在信息交流中要使用各种信息的表现形式,这些表现形式就称为媒体(Media)。媒体可以理解为信息沟通与交流传递的载体。在计算机领域,媒体主要包含两种含义:一是指存储信息的载体,如杂志、报纸、磁盘、光盘等,常称为媒质;二是传递信息的载体,如声音、文本、图片、视频、动画等,常称为媒介。人们常说的多媒体技术中的媒体是指后者。国际电信联盟(International Telecommunication Union,ITU)对媒体作了如下分类:

1. 感觉媒体(Perception Medium)

感觉媒体指人的感觉器官所能感觉到的信息的自然种类。如声音、图形、图像和文本等。人的感觉器官包括视觉、听觉、触觉、嗅觉、味觉等。感知媒体帮助人类来感知环境。目前,人类主要靠视觉和听觉来感知环境的信息,触觉作为一种感知方式也慢慢被引入到计算机中。

2. 表示媒体(Representation Medium)

表示媒体是为了能更有效地加工、处理和传输感觉媒体而人为研究和构造出来的一种媒体。例如语言编码、文本编码、图像编码、乐谱等。

3．表现媒体（Presentation Medium）

表现媒体是人们用以获取信息或再现信息的物理手段、输入或输出信息的设备。可分为输入表现媒体，如键盘、鼠标、话筒、扫描仪等；另一种是输出表现媒体，如显示器、打印机、喇叭等。各种表现媒体如图 6.6 所示。

图 6.6　各种表现媒体

4．存储媒体（Storage Medium）

存储媒体是用于存放数字化的表示媒体的存储介质。这类媒体有硬盘、光盘、磁带及半导体芯片等。

5．传输媒体（Transmission Medium）

传输媒体是用来将媒体从一处传送到另一处的物理载体。如双绞线、同轴电缆、光纤、电磁波等。

6．交换媒体（Exchange Medium）

交换媒体是系统之间交换信息的手段和技术，可以是存储媒体，传输媒体，或两者的结合。如网络、电子邮件、FTP 等。

多媒体译自英文 multimedia，该词是 Multiple 和 Media 构成的复合词。多媒体是指能够同时获取、处理、编辑、存储和展示两种以上不同类型信息媒体的技术，这些信息媒体包括文字、声音、音乐、图形、图像、动画、视频等。多媒体的组成如图 6.7 所示。

文本　　图形图像　　影像　　　声音

图 6.7　多媒体的组成

需要指出的是，一般所说的"多媒体"，不仅仅是指多种媒体信息本身，而且指处理和应用多媒体信息的相应技术，因此"多媒体"常被当作"多媒体技术"的同义词。

所谓多媒体技术是指计算机交互式综合处理多种媒体信息——文本、图形、图像和声音，使多种信息建立逻辑连接，集成为一个系统并具有交互性。多媒体技术所处理的文字、声音、图像和图形等媒体信息是一个有机的整体，而不是一个个"分立"的信息类的简单堆积，多种媒体之间无论在时间上还是在空间上都存在着紧密的联系，是具有同步性和协调性的群体。因此，多媒体技术的关键特征在于信息载体的多样性、集成性、交互性和实时性。

1．多样性

信息载体的多样性是指文本、声音、图形、图像、动画和视频等信息媒体的多种形式。在信息采集或生成、传输、存储、处理和显示的过程中，要涉及多种感知媒体、表示媒体、传输媒体、存储媒体或表现媒体，或者多个信源或信宿的交互作用。

人类对于信息的接收和产生主要在视觉、听觉、嗅觉、触觉和味觉 5 个感觉空间内，其中前三种占了总信息量的95％以上。人类借助于这些多感觉形式的信息进行交流,然而计算机远没有达到人类处理复合信息媒体的水平,一般只能按照单一方式来加工处理信息。多媒体技术就是把机器处理的信息多样化或多维化,通过信息的获取(Capture)处理与表现(Presentation),使计算机具有拟人化的特征,满足人类感官空间全方位的多媒体信息要求。

信息载体主要应用在计算机的信息输入和输出两个方面,即获取和表现。如果输入和输出相同,这只能称之为记录和重放,这种技术在家用视听技术中已经比较成熟。多媒体技术中还要包括输入和输出之间的变换、组合、加工,这称为创作(Authoring),可以极大地丰富信息的表现力和增强效果。

2. 集成性

多媒体的集成性是指以计算机为中心综合处理多种信息媒体,主要包括两方面,其一是指多种类型数据的集成化处理,其二是指处理各种媒体的设备的集成。在多媒体系统中,各种类型的数据在计算机内不是孤立、分散地存在,而是必须建立相互的关联。计算机对输入的多种媒体信息,并不是简单的叠加和重放,而是由多通道同时统一采集、存储与加工处理,更加强调各种媒体之间的协同关系及利用它所包含的大量信息。这就是信息媒体的集成。此外,多媒体系统应该包括能处理多媒体信息的高速及并行CPU、多通道的输入输出接口及外部设备、宽带通信网络接口及大容量的存储器,使CPU系统、存储器及各种接口都能在集成一体化的多媒体操作平台上协调一致地工作。这就是媒体设备和系统的集成。

3. 交互性

交互性是指用户对计算机应用系统进行交互式操作,它使用户更加有效地控制和使用信息,增加对信息的关注和理解。从用户角度而言,多媒体技术中最重要的一个特征就是人机交互功能。交互性是多媒体与传统媒体最大的区别。多媒体技术的交互性,改变了以往单向的信息交流方式,用户不再是像看电视、听广播那样被动地接收文字、图形、声音和图像,而是主动地与计算机进行交流,进行检索、提问和回答,这种功能是传统媒体所不能实现的。

在多媒体远程计算机辅助教学系统中,学习者可以自主地改变教学过程,研究感兴趣的问题,从而得到新的体会,激发学习者的主动性、自觉性和积极性。再如在开发和使用多媒体课件作为教学改革的实践中,除了能够提高课堂教学效果外,多媒体课件还可以让学生课后自学,每个学生都可以针对各自不同的情况有选择地学习自己感兴趣的内容,从而变被动学习为主动学习。

多媒体技术的发展方向是使机器向人靠拢,用人类固有的、习惯的方式与机器进行信息交流,而不是强制训练人去适应机器。多媒体的交互性将向用户提供更加有效地控制和使用信息的手段和方法,同时也为应用开辟了广阔的领域。交互性一旦被赋予了多媒体信息空间,便可以带来巨大的作用。简单的低层次信息交互的对象主要是数据流,数据具有单一性,交互过程比较简单,例如,从数据库中检索出某学校的照片及文字介绍材料,这是多媒体的初级交互应用;较复杂的高层次信息交互的对象主要是多样化信息,并且通过交互特性使用户介入到信息的活动过程中,而不仅仅是提取信息,当用户完全进入到一个与信息环境一体化的虚拟信息空间中时,如坐在办公室环游故宫,这才是交互应用的高级阶段。

4. 实时性

每一种媒体都有其自身规律,而多媒体系统需要处理各种复合的信息媒体,因此各种媒体之间必须有机地配合才能协调一致。

　　所谓实时性是指在多媒体系统中多种媒体是具有同步性和协调性的群体。例如,声音及活动图像是强实时的,因此在视频会议系统中必须提供同步的图像和声音。这样,才能保证多媒体交互如同面对面一样。

6.2.2　多媒体数据的类型及其在计算机中的表示

　　计算机内的数据是以数字形式表示和存储的,因此,多媒体系统主要采用数字化方式处理、传输和存储多媒体信息,这些多媒体数据的类型主要包括文本、声音、图形、图像、动画和视频等。

1. 声音数据

1) 声音的采样与量化

　　自然界的模拟声音信号是由许多具有不同振幅和频率的正弦波组成的,必须将声音数字化才能在计算机中表示和处理。声音数字化实际上就是将模拟的连续声音波形在时间上和幅值上进行离散化处理。首先在特定时间段内,测量有限个时间点上的声音的幅度值,称为采样(Sampling),采样得到的信号称为离散信号。然后将连续的幅度值进行离散,将有限个时间点上取到的幅度值限定到预先编排的最近的量化级上,称为量化(Quantization)。如图6.8所示是模拟声音信号的采样和量化过程示意图。

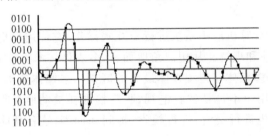

图 6.8　声音的采样和量化

2) 音质与数据量

　　在声音数字化过程中,采样频率、量化精度和声道数等是决定数字化声音质量和数据量的主要技术参数。

　　采样频率是指一秒钟采样的次数。采样频率越高,单位时间内采集的样本数越多,得到的波形越接近于原始波形,音质就越好。当然,采集的样本数量越多,数字化声音的数据量也越大。采样的3个常用频率分别为11.025kHz、22.05kHz和44.1kHz。分别对应AM广播、FM广播和CD高保真音质声音。

　　量化精度用每个声音样本的位数表示,它反映度量声音波形幅度的精度。例如图1.3中,每个声音样本用4位表示,量化值为0000、0001、…、1111,即量化级为16。量化精度影响声音的质量,位数越多,声音的质量越高,而需要的存储空间也越多。

　　声道数是指声音所使用的声音通道的个数。单声道(Mono)信号一次产生一组声波数据。如果一次产生两组声波数据,则称其为双声道或立体声(Stereo)。

　　数据量的计算方式为:

数据量(Byte)=(采样频率(Hz)×量化精度(bit)×声道数×声音持续时间(s))/8

以 CD 格式声音文件为例,假设其采样频率为 44.1kHz,量化精度为 16bits,采用立体声,则每秒钟的数据量为:$(44.1\text{kHz} \times 16\text{bits} \times 2 \times 1\text{s})/8 = 0.176\text{MB}$。

3)声音文件存储格式

在多媒体制作中经常会遇到各种音频文件格式并进行格式之间的转换。声音文件的格式很多,通常分为两大类:波形声音文件和 MIDI 文件。波形声音文件指的是直接记录了原始真实声音信息的数据文件,它又进一步分为压缩格式与非压缩格式两类。常见的非压缩格式声音文件是 wave 文件(*.wav)、voice 文件(*.voc);常见的压缩格式声音文件有 MP3 文件、RealAudio 文件(*.ra/*.rm)、WMA 文件等。而 MIDI 文件则是一种乐器演奏指令序列,相当于乐谱,因此又称之为非波形声音文件。

2. 图像数据

人眼识别到的图像源是连续的模拟信号,为了让计算机能够表示和处理,需要将图像数字化。数字化的过程是按一定的空间间隔自左到右、自上而下采样画面信息,并按一定的精度进行量化。数字化的图像可以定义为二维函数 $f(x,y)$,即在 (x,y) 坐标处的幅度值 f,该值大小由图像本身决定。因此,数字图像被离散为有限个元素组成的二维阵列,这些元素称为像素。

1)图像分辨率

图像分辨率代表了一幅图像像素密度,用每英寸像素点的个数(dot per inch,dpi)表示。同样大小的一幅图像,采样频率越高,图像分辨率就越高,则组成该图的像素点数目越多,图像看起来就越逼真。

2)图像深度

图像深度是指图像中记录每个像素点所占的二进制位数,它决定了彩色图像可表示出的颜色数目,或者灰度图像中的最大灰度等级数目。图像的颜色可以使用不同的颜色空间来表示,因此每个像素点的图像深度与采用的颜色空间有关。以常用的 RGB 颜色空间为例,例如图像深度为 24,即 R、G、B 各用 8 位表示颜色分量强度,则图像可表示出 $2^8 \times 2^8 \times 2^8 = 2^{24} = 16\text{M}$ 种颜色。

3)显示深度

显示深度表示显示缓存中记录屏幕上一个点的二进制位数,即显示器可显示的颜色数。只有显示深度不小于图像深度的情况下,屏幕上的颜色才能较真实地反映图像文件的颜色效果。否则,显示的颜色会出现失真。

4)图像容量

计算机中对图像进行数据地表示,实际上是按一定的图像分辨率和一定的图像深度对模拟图片进行采样,从而生成数字化图像。图像的分辨率越高、图像深度越大,数字化后的图像越逼真,图像的数据量也越大。图像数据量的计算公式为:

$$图像数据量 = (图像的总像素 \times 图像深度 /8)(\text{Byte})$$

例如,一幅分辨率为 640×480 的 RGB 真彩色图像,数据容量为:

$$640 \times 480 \times 24/8 = 1\text{MB}$$

5)图像文件格式

图像文件有很多不同类型的格式。例如,Windows 采用的 BMP(Bitmap)位图文件格式;CompuServe 公司开发的 GIF 图形交换文件格式;Aldus 和 Microsoft 公司为扫描仪和桌上出版系统研制开发的 TIFF 标记图像格式等。

3. 视频数据

视频信号是活动的、连续的图像序列。在视频中,一幅图像称为一帧,是构成视频信息的基本单位。在空间、时间上互相关联的帧序列连续起来,就是动态视频的图像。

视频的帧速为每秒内包含的图像帧数。由于视频制式的不同,帧速也有所不同。对于 NTSC 制式,帧速为 30 帧/秒;对于 PAL 和 SECAM 制式,帧速为 25 帧/秒。

对于数字视频数据,其数据量帧中图像数据量有关,同时和帧速以及时间长度相关:

$$视频数据量 = 图像的总像素 \times 图像深度 /8 \times 帧速 \times 时间$$

例如,显示器分辨率为 800×600,量化位数为 24,则 1 帧图像的数据量为:

$$800 \times 600 \times 24/8 = 1.4MB$$

而 1 秒钟的视频数据容量为 1.4MB×25 帧/秒×1 秒=35MB。

目前,主流的视频文件格式主要有 AVI、Windows Media、Real Media、QuickTime 以及 MPEG 等。AVI 是 Microsoft 公司开发的一种数字音频与视频文件格式。而 Windows Media 主要有 ASF 和 WMA 两种格式。

6.2.3 多媒体数据压缩技术

如前所述,多媒体信息的数据量是非常庞大的,1s 的 CD 格式声音文件数据量为 176kB;一幅分辨率为 640×480 的 RGB 真彩色图像数据量约为 1MB;1s 分辨率为 800×600 的视频数据量为 35MB。如果不对这些数据进行压缩处理,其数据存储容量和传输带宽是难以令人接受的,因此,必须对多媒体数据进行压缩。数据压缩是一种数据处理的方法,目的是将文件的数据量减小,又基本保持原来文件的内容。

1. 数据压缩的原理

多媒体数据之所以可以压缩是因为数据中存在相关性。例如,一幅大面积具有相同颜色的图像,连续的 1000 个像素点颜色值都为红色,则可用"1000 个红色像素"来描述这 1000 个像素点。这种信息的相关性减少了它所包含的有效信息量,即信息"冗余",这是数据压缩的理论依据。多媒体数据中常见的数据冗余类型有:

1) 空间冗余

图像中相邻的像素具有相同的属性,属于空间冗余。

2) 时间冗余

序列图像(视频、动画)中相邻的帧具有相关的画面;人的语音是一个连续的渐变过程,而不是时间上独立的过程,这都属于时间冗余。

3) 结构冗余

有些图像(例如方格状的地板)存在着非常强的纹理结构,这属于结构冗余。

4) 信息熵冗余

信息熵冗余是指数据携带的信息量少于数据本身而反映出来的数据冗余。

除此之外,知识冗余、视觉冗余等不同类型的冗余也是数据得以压缩的基础,以此可以提出许多实施数据压缩的方法。

2. 数据压缩的方法

从解压缩后数据是否可以完全还原为原始数据的角度出发,数据压缩的方法一般分为两类：无损压缩和有损压缩。无损压缩的过程是可逆的，解压缩处理后可以完全恢复原始数据，压缩比大约在 2：1 到 5：1 之间。如霍夫曼编码、算术编码、行程编码等。有损压缩还原后的数据与原始数据存在一定的误差，但一般可以获得较高的压缩比，从几倍到几百倍。例如常用的变换编码和预测编码。

1）声音数据的压缩

声音数据分为电话质量的语音信号、调幅广播质量的声音信号、高保真立体声信号和环绕立体声信号。针对不同的质量要求，国际标准化组织先后推出了 G.711，G.721 等一系列标准。一般来讲，声音压缩也分为无损压缩及有损压缩，而从压缩编码方法上看，声音信号的编码方式大致可分为 3 类，即波形编码、参数编码和混合编码。

2）静态图像压缩和 JPEG 标准

根据编码方法的不同，图像压缩的方法很多，不同的压缩方法需要用相同的解压缩软件才能正确还原，因此需要通用的压缩标准。JPEG（Joint Photographic Experts Group）是国际上压缩彩色、灰度、静止图像的第一个国际标准。它不仅适用于静态图像的压缩，也适于电视图像序列的帧内图像的压缩编码。

JPEG 压缩是有损压缩，它利用了人的视觉系统的特性，使用量化和无损压缩编码相结合的方法来去掉视觉的冗余信息和数据本身的冗余信息。采用 JPEG 压缩编码算法压缩的图像，其压缩比约为 5：1 至 50：1，甚至更高。

3）动态图像压缩和 MPEG 标准

动态图像是由一序列静态图像构成的，因此对静态图像的压缩方法同样适用于动态图像的压缩。例如，使用 JPEG 的压缩算法来压缩每一幅静态图像。但是动态视频图像的数据量相当巨大，静态图像的压缩方法是考虑二维空间信息的相关性，没有考虑动态图像存在的帧间的时间相关性。

MPEG 标准是面向运动图像压缩的一个系列标准。最初 MPEG 专家组的工作项目是 3 个，即在 1.5Mbps、10Mbps、40Mbps 传输速率下对图像编码，分别命名为 MPEG-1、MPEG-2、MPEG-3。前两个标准为 VCD、DVD 及数字电视等产业的发展奠定了基础。目前正在制定的 MPEG-4、MPEG-7、MPEG-21 将为多媒体数据压缩和基于内容检索的数据库应用提供一个更为通用的平台，并会对下一代视频系统、音频系统和网络应用产生深远影响。

MPEG 视频图像压缩的基本思想和方法可以归纳为两个要点：

- 在空间方向上：图像数据压缩采用 JPEG 压缩算法，即基于离散余弦变换（Discrete Cosine Transform，DCT）的编码技术，以减少空间冗余信息。
- 在时间方向上：图像数据压缩采用运动补偿（Motion Compensation）算法，以减少时域冗余信息。

6.2.4 多媒体技术应用

多媒体技术从一出现就引起了许多相关行业的关注，对社会和经济产生了巨大影响，其应用领域几乎遍布人们生活的各个角落，拓展十分迅速，并且随着互联网络的兴起、发展，不断地成熟和延伸。

1. 教育培训

多媒体技术在教育培训中的应用改变了传统的教学模式,使教材和学习方式都发生了重要的变化。多媒体能够产生出图、文、声、活动影像并茂的电子教材,将交互式、多种感官应用在学习中,更直观向学生展示丰富的知识。在教育中应用多媒体技术是提高教学质量和普及教育的有效途径,使教育的表现形式多样化,目前主要的应用包括:计算机辅助教学(Computer Aided Instruction,CAI)、计算机辅助学习(Computer Aided Learning,CAL)、计算机化教学(Computer Based Instruction,CBI)、计算机化学习(Computer Based Learning,CBL)、计算机辅助训练(Computer Aided Training,CAT)、计算机管理教学(Computer Management Instruction,CMI)等。此外,以互联网络为基础的"多媒体远程教学"或"交互式教学教室"已逐步成为现实。目前,各种综合的、用于多媒体交互式教学的计算机网络系统的出现也是一种必然的趋势。在多媒体远程教学中,虚拟教室不仅提供了实时的交互功能,同时提供电子白板等多媒体教学工具,利于教师和学生突破时空的限制,及时、双向地交流信息、共享资源。今后,多媒体技术必将越来越多地应用于现代教学实践中,对教育、教学过程产生深刻的影响。

2. 娱乐

多媒体技术的出现给影视作品和游戏产品制作带来了革命性的变化。在影视娱乐界,使用先进的计算机技术已经成为一种不可或缺的手段,大量的计算机效果注入到影视作品中,极大地增加了艺术效果和商业价值。三维游戏由于具有多媒体感官刺激并使游戏者通过与计算机的交互或互动身临其境、进入角色,真正达到娱乐的效果;而特殊视觉效果和听觉的制作与合成也使影视作品更具有观赏性。此外,数字照相机,数字摄像机,数字摄影机和 DVD 光碟的投放市场,以及数字电视的普及,将为人类的娱乐生活开创一个新的局面。多媒体游戏如图 6.9 所示。

图 6.9　多媒体游戏

3. 商业和企业

无论在形象设计、广告宣传,还是在咨询服务等方面,多媒体技术在商业和企业中都有着非常广阔的应用前景。利用多媒体网站、多媒体光盘作为媒介,通过生动的图、文、声、形并茂的多媒体课件,可以使客户了解企业的产品、服务和文化等内容,树立良好的企业形象。在商业领域中,多媒体广告使人们的视觉、听觉和感觉全部处于兴奋状态;电子触摸屏等多媒体设备在商场导购系统、观光旅游系统的应用,不仅方便快捷,并且可以节省人力,降低企业成本。除此之外,多媒体技术在网上购物系统,建筑、装饰、家具和园林设计等领域都创造了前所未有的商业价值,带动了各行业的快速发展。

4. 电子出版

多媒体技术为报纸、杂志及图书的出版带来了勃勃生机,各种各样的电子出版物应运而生,电子图书、电子报纸、电子杂志等电子出版物大量涌现,对传统的新闻出版业形成了强大的冲击。电子出版物具有容量大、体积小、易于检索、成本低、易于保存和复制图文声像信息等特点。同时,多媒体技术在出版方面的普及,也带来了图书馆的巨大变化,不但出现了大量多媒体存储信息,并且,在信息检索中,以非线性的结构组织信息,用户使用 Internet 便可以遨游世界各大数字图书馆。

5. 多媒体通信

多媒体通信是随着各种媒体对网络的应用需求而迅速发展起来的一项技术。多媒体技术本身具有信息的多样性,可以同时处理图、文、声、形等多种信息,而网络通信技术又将计算机的交互性、通信的分布性及视频的实时性有效地融为一体。

目前,多媒体通信主要应用于可视电话、视频会议、IPTV、远程教学等方面。随着遥感技术的发展与应用,多媒体技术在通信领域取得了更大的应用价值。例如,远程医疗系统不但可以实现对病人的实时检测,还可实现远程异地会诊;在工业生产实时监控系统中,对生产现场设备的故障诊断和生产过程参数的检测也有着非常重大的实用价值。

随着多媒体技术的不断更新和发展,多媒体在各个领域的应用将会更加普遍,涉及的信息将会更加广泛。

6.3　信息安全基础

信息安全是国家重点发展的新兴交叉学科,它和政府、国防、金融、制造、商业等部门和行业密切相关,具有广阔的发展前景。信息安全是一门涉及计算机科学、网络技术、通信技术、密码技术、信息安全技术、应用数学、数论、信息论等多种学科的综合性学科。

6.3.1　信息安全概念

信息安全的内涵在不断地延伸,从最初的信息保密性发展到信息的完整性、可用性、可控性和不可否认性,进而又发展为攻击、防范、检测、控制、管理、评估等多方面的基础理论和实施技术。信息安全是指信息在产生、传输、处理和存储过程中不被泄露或破坏,确保信息的可用性、保密性、完整性和不可否认性,并保证信息系统的可靠性和可控性。

目前信息网络常用的基础性安全技术包括以下几方面的内容。

1. 身份认证技术

用来确定用户或者设备身份的合法性,典型的手段有用户名口令、身份识别、PKI 证书和生物认证等。

2. 信息加密与解密技术

在传输过程或存储过程中进行信息数据的加密和解密,典型的加密体制可采用对称加密和非对称加密。

3. 边界防护技术

防止外部网络用户以非法手段进入内部网络、访问内部资源,保护内部网络操作环境的特殊网络互联设备,典型的设备有防火墙和入侵检测设备。

4. 访问控制技术

访问控制是网络安全防范和保护的主要核心策略,规定了主体对客体访问的限制,并在身份识别的基础上,根据客体身份对提出资源访问的请求加以权限控制,从而保证网络资源不被非法使用和访问。

5. 主机加固技术

操作系统或者数据库的实现会不可避免地出现某些漏洞,从而使信息网络系统遭受严重的威胁。主机加固技术对操作系统、数据库等进行漏洞加固和保护,提高系统的抗攻击能力。

6. 安全审计技术

包含日志审计和行为审计,通过日志审计协助管理员在受到攻击后察看网络日志,从而评估网络配置的合理性、安全策略的有效性,追溯分析安全攻击轨迹,并能为实时防御提供手段。通过对员工或用户的网络行为审计,确认行为的合法性,确保管理的安全。

7. 检测监控技术

对信息网络中的流量或应用内容进行 2~7 层的检测并适度监管和控制,避免网络流量的滥用、垃圾信息和有害信息的传播。

6.3.2　信息加密与解密技术

信息加密与解密的基本思想是伪装信息,使未授权者不能理解它的真实含义。所谓伪装就是对信息进行一组可逆的数学变换。伪装前的原始信息称为明文,伪装后的信息称为密文,伪装的过程称为加密。去掉伪装还原明文的过程称为解密。加密在加密密钥(Key)的控制下进行。解密在解密密钥的控制下进行。用于对数据加密的一组数学变换称为加密算法。用于对密文解密的一组数学变换称为解密算法,而且解密算法是加密算法的逆。其过程如图 6.10 所示。

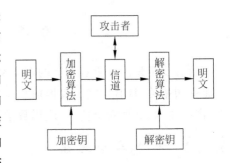

图 6.10　信息加密与解密过程

6.3.3　认证技术

身份认证可分为用户与主机间的认证和主机与主机之间的认证。用户与主机之间的认证可以基于如下一个或几个因素:用户所知道的东西(例如口令、密码等)、用户拥有的东西(例如印章、智能卡等)、用户所具有的生物特征(例如指纹、声音、视网膜、签字和笔迹等)。下面对这些方法的优劣进行一下比较。

1. 基于口令的认证方式

这是一种最常见的技术，但是存在严重的安全问题。由于是一种单因素的认证，安全性依赖于口令，口令一旦泄露，用户即可被冒充。

2. 基于智能卡的认证方式

智能卡具有硬盘加密功能，有较高的安全性。每个用户持有一张智能卡，智能卡存储用户个性化的秘密信息，同时在验证服务器中也存放该秘密信息。进行认证时，用户输入个人身份识别码（Personal Identification Number，PIN），智能卡认证 PIN，成功后即可读出秘密信息，进而利用该信息与主机之间进行认证。基于智能卡的认证方式是一种双因素的认证方式（PIN＋智能卡），即使 PIN 或智能卡被窃取，用户仍不会被冒充。

3. 基于生物特征的认证方式

它是以人体唯一的、可靠的、稳定的生物特征（如指纹、虹膜、脸部、掌纹等）为依据，采用计算机的强大功能和网络技术进行图像处理和模式识别。该技术具有很好的安全性、可靠性和有效性，与传统的身份确认手段相比，无疑产生了质的飞跃。

身份认证的工具应该具有不可复制及防伪等功能，使用者应依照自身的安全程度需求选择一种或多种工具进行。在一般的观念上，认为系统需要输入密码，才算是安全的。但是常用的单一密码保护设计是无法保障网络重要资源或机密的。主要由于传统所用的密码很容易被猜测出来，因为根据一般人的习惯，为了记忆方便通常都采用简单易记的内容，例如单一字母，账号名称，一串相容字母或是有规则变化的字符串等，甚至于采用电话号码或者生日和身份证号码的内容。虽然很多系统都会设计登录不成功的限制次数，但不足以防止长时间的尝试猜测，只要经过一定的时间总会被猜测出来。另外有些系统会使用强迫更改密码的方法，防止这种入侵。相比之下，生物认证技术是相对最安全的。

6.3.4 入侵检测技术

随着网络技术的飞速发展，入侵威胁和各种安全问题时有发生。因此计算机信息安全日益成为人们关注的焦点。传统上，信息安全研究包括针对特定的系统设计一定的安全策略，建立支持该策略的形式化安全模型，使用身份认证、访问控制、信息加密和数字签名等技术实现安全模型并使之成为针对各种入侵活动的防御屏障。然而近年来随着系统入侵行为程度和规模的加大，安全模型理论自身的局限以及实现中存在的漏洞逐渐暴露出来，这是信息系统复杂化后的必然结果。增强系统安全的一种行之有效的方法是采用一种比较容易实现的安全技术，同时使用辅助的安全系统，对可能存在的安全漏洞进行检查，入侵检测就是这样的一种技术。

1. 入侵检测概述

入侵就是指连续的相关系列恶意行为，这种恶意行为将造成对计算机系统或者计算机网络系统的安全威胁，包括非授权的信息访问、信息的审改设置以及拒绝服务攻击等。入侵检测是指对恶意行为进行诊断、识别并做出响应的过程。实施入侵检测的系统称为入侵检测系统（Intrusion Detection System，IDS）。

衡量入侵检测系统的两个最基本指标为检测率和误报率，两者分别从正、反两方面表明检测系统的检测准确性。实用的入侵检测系统应尽可能地提高系统的检测率而降低误报率，但在实际的检测系统中这两个指标存在一定的抵触，实现上需要综合考虑。除检测率和误报率外,在实际设计和实现具体的入侵检测系统时还应考虑操作方便性、抗攻击能力、系统开销大小、可扩展性、自适应能力、自学习能力以及实时性等。

2. 入侵检测的分类

对于目前已有入侵检测的分类有多种方法,比较通用的方法有两种:一种是根据数据采集点的不同,将 IDS 分为基于主机的 IDS 和基于网络的 IDS;另外一种就是根据检测所基于的原则不同,将入侵检测系统划分为异常检测 IDS 和误用检测 IDS。下面介绍根据数据采集源分类的 IDS,有基于主机的 IDS 和基于网络的 IDS。

1) 基于主机的 IDS

基于主机的入侵检测,也称为主机入侵检测,通过对主机系统状态、事件日志和审计记录进行监控以发现入侵。主机入侵检测系统保护的一般是主机所在的系统,利用的系统信息主要有用户行为,如登录时间、按键频率、按键错误率、键入命令等;系统状态,如 CPU 利用率、内存使用率、I/O 及硬盘使用率等;进程行为如系统调用、CPU 利用率、I/O 操作等;网络事件,如在网络栈处理通信数据之后应用层程序处理之前对通信数据进行解释。

主机入侵检测系统能检测内部授权人员的误用以及成功避开传统的系统保护方法而渗透到网络内部的入侵活动;具有操作系统及运行环境的信息,检测准确性较高;在检测到入侵后可与操作系统协同阻止入侵的继续,响应及时。

主机入侵检测系统的缺点是与操作系统平台相关,可移植性差;需要在每个被检测主机上安装入侵检测系统,代价较高;难以检测针对网络的攻击,如消耗网络资源的 DoS 攻击、端口扫描等。

2) 基于网络的 IDS

基于网络的入侵检测(也称为网络入侵检测)监视网络段中的所有通信数据包,识别可疑的或包含攻击特征的活动。在广播网络中,可以将网卡设置为混杂模式,监控整个网络而不暴露自己的存在。基于网络的入侵检测能够利用网络数据中的许多特征,比如单个包的 TCP/IP 头、包的内容以及多个包的组合。网络型入侵检测系统担负着保护整个网段的任务。

基于网络的入侵检测系统有以下优点:对用户透明,隐蔽性好,使用简便,不容易遭受来自网络上的攻击;与被检测的系统平台无关;仅需较少的探测器;往往用独立的计算机完成检测工作,不会给运行关键业务的主机带来负载上的增加;攻击者不易转移证据。

基于网络的入侵检测系统的缺点是:无法检测到来自网络内部的攻击及网络内部的合法用户滥用系统;无法分析所传输的加密报文;在交换式网络中不能保证实用性;易被攻击者绕过;系统对所有的网络报文进行分析,增加了主机的负担,且易受 DoS 攻击;入侵响应的延迟较大。

3. 入侵检测技术的发展方向

近年来入侵检测技术取得了较快的发展,出现了很多新型的检测模型和检测算法,但要开发出成熟、实用的入侵检测系统,仍然有许多关键技术需要进一步研究、提高和改善。总的来看,入侵检测技术的发展方向集中在如下几个方面:

(1) 大规模分布式的入侵检测系统以及异构系统之间的协作和数据共享。网络交换技术的发展以及通过加密信道的数据通信使通过共享网段侦听的网络数据采集方法难以应付自如,巨大的通信量对数据分析也提出了新的要求。基于分布式的多层次入侵检测系统可以很好地解决这个问题。结合分布式技术和网络技术，分布式网络环境下的入侵检测将成为未来研究的热点。

（2）入侵检测系统的自身保护。目前入侵检测面临自身安全性的挑战，一旦系统中的入侵检测部分被入侵者控制，整个系统的安全防线将面临崩溃的危险。如何防止入侵者对入侵检测系统功能的削弱乃至破坏的研究将在很长时间内持续下去。

（3）入侵检测与其他安全技术的结合。目前，信息安全受到前所未有的挑战，单一的安全技术很难保证系统的真正安全。与其他安全技术的结合将成为入侵检测技术未来的发展趋势之一。

6.3.5 恶意程序及防范技术

恶意程序通常是指带有攻击意图的一段程序。这些威胁可以分成两个类别，需要宿主程序的威胁和彼此独立的威胁。前者基本上是不能独立于某个实际的应用程序、实用程序或系统程序的程序片段；后者是可以被操作系统调度和运行的自包含程序。

恶意程序主要有陷门、逻辑炸弹、特洛伊木马、蠕虫、病毒等。

1）陷门

计算机操作的陷门设置是指进入程序的秘密入口，它使得知道陷门的人可以不经过通常的安全检查访问过程而获得访问。程序员为了进行调试和测试程序，已经合法地使用了很多年的陷门技术。当陷门被无所顾忌的程序员用来获得非授权访问时，陷门就变成了威胁。对陷门进行操作系统的控制是困难的，必须将安全测量集中在程序开发和软件更新的行为上才能更好地避免这类攻击。

2）逻辑炸弹

在病毒和蠕虫之前最古老的程序威胁之一是逻辑炸弹。逻辑炸弹是嵌入某个合法程序里面的一段代码，被设置成当满足特定条件时就会发作，它具有计算机病毒明显的潜伏性。一旦触发，逻辑炸弹可能改变或删除数据或文件，引起机器关机或完成某种特定的破坏工作。

3）特洛伊木马

特洛伊木马是一个有用的或表面上有用的程序或命令过程，包含了一段隐藏的、激活时进行某种不想要的或者有害的功能代码。它的危害性是可以用来非直接地完成一些非授权用户不能直接完成的功能。特洛伊木马的另一动机是数据破坏，程序看起来是在完成有用的功能（如计算器程序），但它也可能在悄悄地删除用户文件，直至破坏数据文件。

4）蠕虫

网络蠕虫程序是一种使用网络连接从一个系统传播到另一个系统的感染病毒程序。一旦这种程序在系统中被激活，网络蠕虫可以表现得像计算机病毒或者可以注入特洛伊木马程序，进行任何次数的破坏。网络蠕虫将自身复制到一个系统之前，也可能试图确定该系统以前是否已经被感染了。在多道程序系统中，它能将自身命名成一个系统进程或者使用某个系统管理员可能不会注意的其他名字来掩蔽自己的存在。较好地设计并实现网络安全和单机系统安全的测量可以最小化限制蠕虫的威胁。

5）病毒

病毒是一种攻击性程序，采用把自己的副本嵌入到其他文件中的方式来感染计算机系统。当被感染文件加载进内存时,这些副本就会执行去感染其他文件,如此不断进行下去。病毒一般都具有破坏性。典型的病毒能够获得计算机磁盘操作系统的临时控制,然后每当受感染的计算机接触一个没被感染的软件时,病毒就将新的副本传到该程序中。因此,通过正常用户间的磁盘文件交换以及向网络上的另一用户发送程序的行为,感染就有可能从一台计算机传到另一台计算机上。在网络环境中,访问其他计算机上的应用程序和系统服务都能传播病毒。对于计算机病毒的防范,主要是在系统中安装防病毒软件并及时更新病毒特征库来保证系统安全。

6.3.6　网络攻击与防范技术

由于网络中存在安全漏洞,有人就利用这些漏洞进行网络攻击。即使旧的漏洞补上了,新的安全漏洞又将不断涌现。因此网络攻击行为时刻在发生着。下面介绍一下攻击者是怎么找到网络上计算机中的安全漏洞的,并了解一些攻击的方法和防范技术。

网络攻击主要有以下 5 个步骤。

1) 隐藏自己的位置

普通攻击者都会利用别人的计算机隐藏他们真实的 IP 地址。还会利用电信部门无人转接服务连接 ISP,然后再盗用他人的账号上网。

2) 寻找目标主机并分析目标主机

攻击者首先要寻找目标主机并分析目标主机。在 Internet 上能真正标识主机的是 IP 地址,域名是为了便于记忆主机的 IP 地址而另起的名字,只要利用域名和 IP 地址就能顺利地找到目标主机。当然,知道了要攻击目标的位置还是远远不够的,还必须将主机的操作系统类型及其所提供服务等资料做个全方面的了解。此时,攻击者们会使用一些扫描器工具,轻松获取目标主机运行的是哪种操作系统的哪个版本,系统有哪些账户,WWW、FTP、Telnet 和 SMTP 等服务器程序是何种版本等资料,为入侵作好充分的准备。

3) 获取账号和密码后登录主机

攻击者要想入侵一台主机,首先要有该主机的一个账号和密码,否则连登录都无法进行。这样常迫使他们先设法盗窃账户文件,进行破解,从中获取某用户的账户和口令,再寻觅合适时机以此身份进入主机。当然,利用某些工具或系统漏洞登录主机也是攻击者常用的一种手段。

4) 获得控制权

攻击者们用 FTP、Telnet 等工具利用系统漏洞进入目标主机系统获得控制权之后,就会做两件事,清除记录和留下后门。他们会更改某些系统设置,在系统中置入特洛伊木马或其他一些远程操纵程序,便于日后能不被觉察再次进入系统。大多数后门程序是预先编译好的,只需要想办法修改时间和权限就能使用,甚至新文件的大小都和原文件一样。攻击者一般会使用弹性以太网协议(Resilient Ethernet Protocol,REP)传递这些文件,以便不留下FTP 记录。清除日志、删除拷贝的文件等手段来隐藏自己的踪迹之后,攻击者就开始下一步的行动。

5) 窃取网络资源和特权

攻击者找到攻击目标后,会继续下一步的攻击。如下载敏感信息;实施窃取账号密码、信用卡号等经济偷窃;使网络瘫痪等。

　　实施网络攻击的手段主要有口令入侵、放置特洛伊木马程式、WWW 的欺骗技术、电子邮件攻击、网络监听、安全漏洞攻击和端口扫描攻击等。

　　针对以上攻击手段其应对策略和防范技术有：

　　(1) 提高安全意识

　　不要随意打开来历不明的电子邮件及文件，不要随便运行不太了解的人给你的程序，比如"特洛伊"类黑客程序欺骗你运行；尽量避免从 Internet 下载不知名的软件、游戏程序。即使从知名的网站下载的软件也要及时用最新的病毒和木马查杀软件对软件和系统进行扫描；密码设置尽可能使用字母数字混排，单纯的英文或数字非常容易穷举，要经常更换密码；及时下载安装系统补丁程式；不随便运行黑客程序，不少这类程序运行时会发出你的个人信息；在支持 HTML 的 BBS 上，如发现提交警告，先看原始码，非常可能是骗取密码的陷阱。

　　(2) 使用防毒、防黑等防火墙软件

　　防火墙是个用以阻止网络中的黑客访问某个机构网络的屏障，也可称之为控制进出两个方向通信的门槛。在网络边界上通过建立起来的相应网络通信监视系统来隔离内部和外部网络，以阻挡外部网络的侵入。

　　(3) 设置代理服务器来隐藏自己的 IP 地址

　　保护自己的 IP 地址是非常重要的。事实上，即便你的机器上被安装了木马程序，若没有你的 IP 地址，攻击者也是没有办法的。

　　(4) 将防毒、防黑客当成日常例行工作，定时更新计算机防病毒组件，将防毒软件保持在始终运行或驻留内存状态，以完全防毒。

　　(5) 由于黑客经常会针对特定的日期发动攻击，计算机用户在此期间应特别提高警戒。

　　(6) 对于重要的个人资料做好严密的保护，并养成资料备份的习惯。

6.4　本章小结

　　本章主要介绍的是计算机技术中的数据库技术，多媒体技术和网络安全基础知识。

　　数据库系统是数据库(DB)、数据库管理系统(DBMS)、数据库管理员(DBA)、用户和计算机系统的总和。数据库系统通常采用三级模式结构，进而保证了数据与程序的逻辑独立性和物理独立性，三级模式有模式、外模式和内模式。数据库管理技术经历了人工管理、文件系统和数据库系统的发展阶段。模型是一个工具，用来抽象、表示和处理现实世界中的数据和信息。根据应用的不同目的，分为概念模型和数据模型。数据模型是从计算机系统的观点出发对数据的建模，包括层次模型、网状模型、关系模型。机构化查询语言(SQL)是用于关系数据库的标准化语言。目前，数据库领域的研究热点有分布式数据库、模糊数据库、空间数据库、多媒体数据库、数据仓库、信息存储与检索等。

　　多媒体技术是指计算机交互式综合处理多种媒体信息(文本、图形、图像和声音等)，使多种信息建立逻辑连接，集成为一个系统并具有交互性。其关键特征在于信息载体的多样性、集成性、交互性和实时性。多媒体系统主要采用数字化方式处理、传输和存储多媒体信息。由于多媒体信息的数据量非常庞大，为了便于存储和传输，必须对多媒体数据进行压缩。多媒体技术主要应用于教育培训、娱乐、商业和企业、电子出版和多媒体通信等。

　　信息安全是国家重点发展的新兴交叉学科,是指信息在产生、传输、处理和存储过程中不被泄露或破坏,确保信息的可用性、保密性、完整性和不可否认性,并保证信息系统的可靠性和可控性。目前信息网络常用的基础性安全技术包括身份认证技术、信息加密与解密技术、边界防护技术、访问控制技术、主机加固技术、安全审计技术和检测监控技术。

习　题　6

一、填空题

1. 常用的数据模型有 3 种,包括_____、_____、_____。

2. 每种数据模型都是由_____、_____和_____三个要素组成。

3. 关系模型中,定义了三种完整性约束条件:_____、_____、_____的完整性。

4. DBMS 的数据控制功能有数据的_____、_____、_____及_____。

5. 数据库系统通常采用三级模式结构,即_____、_____、_____。

6. 根据国际电信联盟(ITU)对媒体的分类,媒体分为_____、_____、_____、_____、_____、_____。

7. 多媒体技术具有_____、_____、_____、_____等特性。

8. 多媒体是指能够同时获取、处理、编辑、存储和展示两个以上不同类型信息媒体的技术,这些信息媒体包括_____、_____、_____、_____、_____、_____等。

9. 目前信息网络常用的基础性安全技术包括_____、_____、_____、_____、_____、_____、_____。

10. 恶意程序主要有_____、_____、_____、_____、_____等。

二、单项选择题

1. 内模式又称为( )。

　　A. 模式　　　　　　　B. 存储模式　　　　C. 子模式　　　　　D. 用户模式

2. SQL 语言是一种( )的语言。

　　A. 高度过程化　　　　　　　　　　　　B. 高度非过程化

　　C. 用户干预的过程化　　　　　　　　　D. 用户干预的非过程化

3. 参照完整性规则就是定义( )之间的引用规则。

　　A. 主码与候选码　　　B. 主码与全码　　　C. 主码与外码　　　D. 候选码与外码

4. 实体完整性规则中,若属性 A 是基本关系 R 的主属性,则属性( )。

　　A. 不能取空值　　　B. 只能取空值　　　C. 可以取任意值　　D. 以上都不对

5. SQL 采用面向( )的操纵方式。

　　A. 记录　　　　　　B. 文件　　　　　　C. 数据项　　　　　D. 集合

6. 一幅分辨率为 640×480 的 RGB 真彩色图像,数据容量为( )。

　　A. 0.5MB　　　　　B. 1MB　　　　　　C. 2MB　　　　　　D. 4MB

7. 下面哪一种身份认证技术相对是最安全的( )。

　　A. 基于口令认证　　　　　　　　　　　B. 基于智能卡认证

　　C. 基于生物特征认证　　　　　　　　　D. 随机认证

三、简答题

1. 什么叫主码和候选码？

2. 什么叫模式？

3. 什么叫外模式？

4. 数据库技术发展历史分为哪几个阶段？

5. SQL 的特点有哪些？

6. 为什么要压缩多媒体信息？

7. 多媒体技术应用的领域有哪些？

8. 简述网络攻击步骤及防范技术。

第7章

计算机基础实验

本章学习目标

- 掌握常见操作系统的使用;
- 掌握 Word 2010 的基本操作;
- 掌握 Excel 2010 的基本操作;
- 掌握 PowerPoint 2010 的基本操作;
- 掌握常用软件的基本操作。

7.1 操作系统基础实验

实验目的:

1. 熟悉 Windows 7 的基本操作;
2. 掌握文件和文件夹的操作;
3. 掌握控制面板和系统工具的使用;
4. 了解其他常用操作系统的使用。

7.1.1 Windows 7 的基本操作

Windows 7 是微软公司推出的新一代操作系统,继承了 Windows XP 的实用与 Windows Vista 的华丽,同时进行了一次重大升级。Windows 7 包含 6 个版本,分别为初级版、家庭基础版、家庭高级版、专业版、企业版和旗舰版,用户可根据应用场合及功能需求选择合适的版本进行安装。为了能够完全流畅地运行 Windows 7 操作系统,需要满足基本的硬件配置要求,如处理器的时钟频率要在 1GHz 以上(如果安装 64 位 Windows 7,需要更高主频的处理器支持),内存要在 1GB 以上(64 位系统推荐使用 2GB 内存),安装后至少有 16GB 的空余硬盘空间。

依次按下电脑显示器和机箱的电源开关,电脑会自动地启动并进行开机自检。自检程序是电脑开机后最先运行的一段程序,它被存储在主板的基本输入输出系统(BIOS)芯片中。自检画面中显示主板、内存、显卡、显存等信息,由于不同电脑的配置不同,显示的信息也不一样。在自检程序检测到键盘以后,按下键盘上的 DEL 键可以进入 BIOS 设置中修改电脑的启动顺序,一般从硬盘启动操作系统,也可修改为从光盘驱动器或者 U 盘启动,首先要保证这些存储介质上有启动计算机的程序存在。通过自检后会出现登录界面,单击用户名并输入密码后进入系统桌面。

1. 桌面布局

启动 Windows 7 后呈现的整个屏幕区域称为"桌面"。桌面上包含开始按钮,任务栏,桌面图标等对象,如图 7.1 所示。

图 7.1　Windows 7 桌面

不同计算机中的桌面和图 7.1 可能会有区别,主要表现在图标的数量、桌面的颜色和背景等,但是这些内容是可以通过设置来改变的。

2. 窗口操作

在 Windows 7 中,几乎所有的操作都是通过窗口来实现的,虽然各个窗口的内容不同,但所有的窗口都有一些共同点。窗口一般由控制按钮区、搜索栏、地址栏、菜单栏、工具栏、导航窗格、状态栏、细节窗格和工作区 9 部分组成。双击桌面上的"计算机"图标,会出现"计算机"窗口,如图 7.2 所示。

窗口移动——用鼠标左键按住标题栏拖动鼠标可移动窗口位置。

窗口缩放——将鼠标置于边框,当鼠标由单箭头变成双向箭头时,拖动鼠标就可以改变窗口的大小。利用窗口右上角的最大化、最小化和还原按钮可方便调整窗口大小。如果单击最小化按钮可将计算机窗口最小化到任务栏的程序按钮区中;单击任务栏上的程序按钮,即可恢复到原始大小。

窗口切换——当打开多个窗口时,其中一个标题栏高亮显示的窗口为当前活动窗口,按下 Alt＋Tab 组合键可以在多个窗口之间进行切换,按 Windows＋Tab 组合键可以进行 3D 界面窗口切换。

关闭窗口——单击窗口右上角的关闭按钮,可关闭窗口。单击窗口标题栏的最左侧,从弹出的菜单中选择关闭菜单项也可。选择要关闭的窗口,按下 Alt＋F4 组合键可快速将窗口关闭。

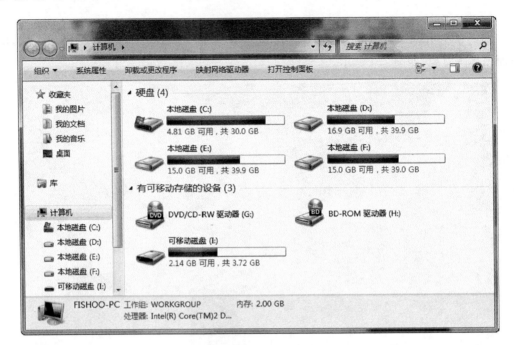

图 7.2   计算机窗口

3. 菜单和对话框

在 Windows 7 中,除了窗口之外,还有两个比较重要的组件,即菜单和对话框。大多数程序都包含执行各种功能时要运行的命令,其中很多命令就存放在菜单中,因此可将菜单看成是由多个命令集合在一起构成的。

Windows 7 中的菜单可以分为两类:一是普通菜单,即下拉菜单;二是右键快捷菜单。对于普通菜单,单击菜单选项即打开下拉菜单,上下移动鼠标可在各命令选项之间进行切换,遇到有向下或向右的三角形箭头时,说明还有下一级菜单。对于快捷菜单,在不同区域选中对象单击鼠标右键,可打开快捷菜单,根据选中对象的不同,菜单中的操作命令也不相同。

对话框可被看做特殊的窗口,与 Windows 窗口有很多相似之处,但是它更加简洁直观。对话框的大小是不可以改变的,并且不能像窗口那样随意在不同窗口之间进行切换,只有在完成了对话框要求的操作后才能进行下一步的操作。一般情况下,对话框都具有标题栏、选项卡、组合框、文本框、列表框、下拉列表文本框、微调框、命令按钮、单选按钮和复选框等。

选项卡位于标题栏的下方,一般每个对话框都有多个选项卡,用户可以通过在不同的选项卡之间进行切换来查看和设置相应的信息,选择要切换到的选项卡,单击鼠标左键即可。

对话框的基本操作包括对话框的移动和关闭以及对话框中各选项卡之间的切换。这些操作与窗口操作相似。

4. 定制任务栏和"开始"菜单

任务栏位于整个桌面的最下方,左侧是开始菜单,单击开始菜单可以激活开始菜单,开始菜单中有所有程序和常用程序列表,可根据需要进行选择。任务栏右侧是通知区域,它包含时钟、音量和一些程序图标。任务栏的中间部分是程序按钮区,显示用户当前已经打开的程序和文件,单击可以在各个程序或文件之间进行快速切换。

右击任务栏,单击属性。打开任务栏和开始菜单属性对话框,如图 7.3 所示。

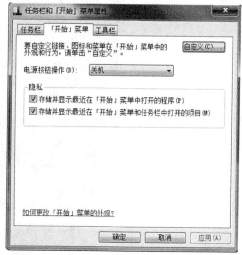

图 7.3　任务栏和开始菜单属性对话框

在这里可以设置任务栏和开始菜单的属性和外观。

选中"使用小图标"可以使任务栏变窄,选中"使用 Aero peek 预览桌面"可以打开预览桌面特效,如图 7.4 所示。

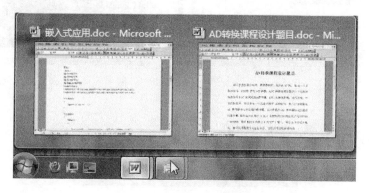

图 7.4　Aero peek 预览桌面

单击"自定义"可以打开自定义开始菜单,如图 7.5 所示。在这里可以详细设置开始菜单中的显示项目。

5. 搜索

Windows 7 中的搜索功能变得非常方便,在打开的计算机窗口中,如图 7.2 的右上角,输入文件名或内容即可进行文件搜索。

6. 进入命令提示符环境

通过键盘操作,按住 Windows+R 键可以打开运行窗口,如图 7.6 所示。

输入 cmd 然后按 Enter 键,即可进入命令行提示符操作界面,如图 7.7 所示。

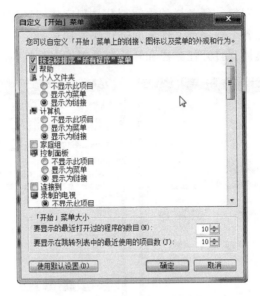

图 7.5 自定义开始菜单对话框

图 7.6 运行窗口

图 7.7 命令行提示符操作界面

实验内容：

（1）打开或关闭任务栏上的通知区域的图标。

（2）设置快速启动栏（Windows 7 中默认未开启快速启动栏，单击快速启动栏中的显示桌面图标，可以将打开的所有窗口程序最小化到任务栏按钮区，再次单击即可还原回去）。

（3）在开始菜单中删除"设备和打印机"一栏。

（4）搜索文件 osk.exe 所在位置。

7.1.2 文件和文件夹的操作

在操作系统中大部分的数据都是以文件的形式存储在磁盘上，文件就是具有某种相关信息的集合,可以是一个应用程序,也可以是一段文字。为了便于管理,一般把文件放在文件夹中,文件夹可以包含文件和子文件夹。

1. 文件名

文件名是为文件指定的名称。为了区分不同的文件,必须给每个文件命名,计算机对文件实行按名存取的操作方式。文件名的格式是"主文件名.扩展名",主文件名用于表示文件的名称,扩展名用于说明文件的类型。例如"约定.mp3"文件,"约定"为主文件名,"mp3"为扩展名,表示这个文件是一个可以播放的音频文件。

在同一个文件夹下,如果扩展名相同,即文件类型相同,则主文件名必须不同;如果主文件名相同,则扩展名即文件类型必须不同。

2. 文件类型

在 Windows 系统中,文件类型是对文件的操作或结构特性的指定。与文件类型关联的是它的图标以及对应该文件类型的程序。一般通过扩展名即文件类型可以判断适合用什么应用程序打开这个文件,并且只有在安装了相应的软件后,才能正确显示这个文件的图标。表7.1是常见的文件扩展名。

表7.1　常见文件扩展名

扩展名	文件类型	扩展名	文件类型
txt	文本文件	jpeg	图像压缩文件
docx	Microsoft Word 2010 文件	log	日志文件
html	超文本文件	bmp	位图文件
rar	WinRAR 压缩文件	sys	系统文件
wav	音频文件	gif	图像文件
avi	视频文件	mp3	采用 MPEG-1 标准压缩的音频文件
asf	声音/图像媒体文件	inf	软件安装信息文件

3. 通配符

通配符是一种特殊语句,主要有星号(＊)和问号(?),用来模糊搜索文件或文件夹。当查找文件或文件夹时,可以使用它来代替一个或多个真正字符。当不知道文件的完整名字时,常常使用通配符代替一个或多个真正的字符进行搜索,＊代表任意多个连续的字符,而?代表一个字符。例如:＊.docx、windows.＊等,如图7.8所示。

图7.8　利用通配符进行搜索

4. 文件夹

操作系统中用于存放程序和文件的容器就是文件夹。为了能对各个文件进行有效的管理,方便文件的查找和统计,可以将一类文件集中地放置在一个文件夹中,即按照类型存放文件。

通常情况下,每个文件夹都存放在一个磁盘空间里。文件夹路径(文件目录)则指出文件夹在磁盘中的位置,如 C:\WINDOWS 指明了操作系统存放的位置,在 Windows 系统中,对磁盘是以逻辑分区的形式划分的,根据硬盘的大小,可以划分多个逻辑分区,通常第一个分区是 C:,用来安装操作系统和各种应用软件。在每个分区中,对文件的管理是按照树形结构进行的,这种方法便于对文件的管理和快速定位。

1) 文件夹的显示与查看

右击文件或文件夹,可以查看该文件或文件夹的属性和内容。文件夹选项可用于设置文件夹的常规显示方面的属性以及关联文件的打开方式及脱机文件等。用户可以更改文件和文件夹打开的方式以及文件夹在计算机上的显示方式。

文件夹选项以对话框的方式出现,在资源管理器中单击"组织"按钮,然后单击"文件夹和搜索"选项,在对话框中可以改变文件或文件夹的显示方式,如图 7.9 所示。

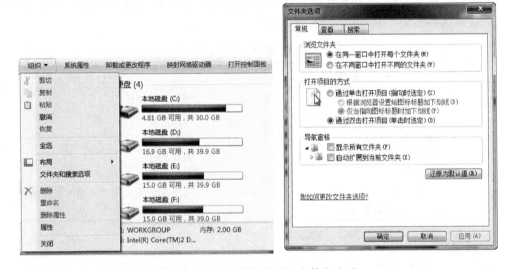

图 7.9　打开文件夹选项和文件夹选项

对文件和文件夹的基本操作包括文件和文件夹的新建、创建快捷方式、复制和移动、删除、查找等。

2) 新建文件和文件夹

新建文件的方法有两种,一种是通过右键快捷菜单新建文件,另一种是在应用程序中新建文件。

文件夹的新建方法也有两种,一种是通过右键快捷菜单新建文件夹,另一种是通过窗口"工具栏"上的新建文件夹按钮新建文件夹。

进入要新建项目的位置(如某个文件夹或桌面),右击空白区域,指向"新建"选项,即可在该位置创建新项目,如图 7.10 所示。

3) 重命名文件和文件夹

对于新建的文件和文件夹,用户可以根据需要对其重新命名,以方便查找和管理。重命名单个文件或文件夹有 3 种方法:

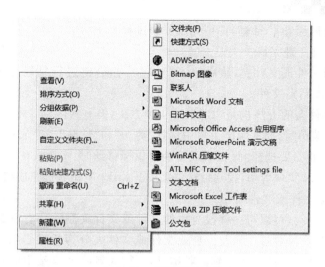

图 7.10　新建项目菜单

（1）通过右键快捷菜单

右击文件或文件夹，弹出右键快捷菜单，选中"重命名"选项，然后输入新的文件或文件夹名字。

（2）通过鼠标单击

用鼠标直接单击文件或文件夹的名字，在名字框中即可输入新的名字。

（3）通过工具栏上的"组织"按钮

单击"工具栏"上的"组织"按钮，选择"重命名"选项，它与右键快捷菜单方式完成的功能相同，但是要多单击一次鼠标。

4）创建文件和文件夹的快捷方式

快捷方式并不是文件或文件夹本身，而是它们的一个连接，删除快捷方式，并不删除文件或文件夹本身。创建文件和文件夹的快捷方式相同，右键单击文件选择创建快捷方式即可。

5）复制和移动文件或文件夹

在日常操作中，经常需要对一些重要的文件或文件夹进行备份，即在不删除原文件或文件夹的情况下，创建与原文件或文件夹相同的副本，这就是文件或文件夹的复制。而移动文件或文件夹是指在原来的地方不留副本，将文件或文件夹从一个位置移动到另一个位置。

复制文件或文件夹的方法有 4 种：

（1）通过右键快捷菜单

选中"我的资料文件夹"，单击鼠标右键，从弹出的快捷菜单中单击"复制"选项。然后打开要存放副本的其他磁盘分区或不同文件夹窗口，右击，在快捷菜单中选择"粘贴"选项，即可完成"我的资料文件夹"复制过程。

（2）使用工具栏

选中要复制的文件或文件夹，单击"工具栏"上的"组织"按钮，从弹出的菜单中选择"复制"选项。然后打开要存放副本的磁盘或文件夹窗口，单击"组织"按钮，选择"粘贴"选项，即可完成将文件或文件夹复制到打开的分区或其他文件夹窗口中。

（3）通过鼠标拖动

选中要复制的文件或文件夹，按住键盘 Ctrl 键，同时按住鼠标左键不放将其拖到目标位置中。然后释放鼠标和 Ctrl 键,即可完成复制过程。

（4）通过键盘组合键完成

选中要复制的文件或文件夹,然后按下 Ctrl＋C 组合键进行复制;找到目标位置按下 Ctrl＋V 组合键可以粘贴文件。

移动文件或文件夹的方法也是通过上述 4 种方法,但有些区别:

通过右键快捷菜单时,要从快捷菜单中选择"剪切"和"粘贴"来完成移动;通过"工具栏"上的"组织"按钮时,也是要选择"剪切"命令;通过鼠标移动时,不用按住键盘的 Ctrl 键;通过组合键时通过 Ctrl＋X 实现剪切,找到目标位置按下 Ctrl＋V 组合键完成粘贴文件或文件夹。

6）删除和恢复文件或文件夹

为了节省磁盘空间,可以将一些没有用的文件或文件夹删除。有时删除后发现有的文件或文件夹还有用,这时要进行恢复。删除文件或文件夹分为暂时删除和彻底删除。暂时删除是把删除的文件或文件夹暂存到回收站里,而彻底删除回收站中的则不再存储文件或文件夹。

（1）通过快捷菜单

在需要删除的文件或文件夹上单击鼠标右键,从弹出的快捷菜单中选择"删除"菜单项,接着会弹出询问是否删除对话框,单击"是"按钮,可将文件或文件夹放入回收站中。

（2）使用工具栏

选中要删除的文件或文件夹,单击"工具栏"上的"组织"按钮,从弹出的菜单中选择"删除"命令,即可完成删除。

（3）使用 Delete 键

选中要删除的文件或文件夹,然后按下键盘的 Delete 键,也可完成删除操作。

上述方法是将文件或文件夹删除到回收站中,回收站是占用磁盘空间的。如果要将文件或文件夹彻底删除,在选择删除命令的同时按住 Shift 键,或是在按下 Delete 键的同时按下 Shift 键,可将文件或文件夹彻底删除。

7）恢复文件或文件夹

将一些文件或文件夹删除后,发现又需要用到该文件,若没有将其彻底删除,可到回收站中将其恢复。

双击桌面上的回收站图标,弹出回收站窗口,窗口中显示了被删除的文件和文件夹,选中要恢复的文件或文件夹,单击鼠标右键,从中选择"还原"菜单项,即可完成恢复操作。

实验内容:

（1）在 D 盘下创建如右图目录结构。

（2）使用不同的显示和排列方式查看驱动器 D 中的内容。

（3）设置显示文件的扩展名并显示隐藏文件。

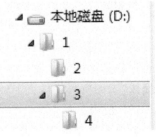

7.1.3　控制面板和系统工具

1. 启动控制面板

单击"开始"菜单,选择"控制面板"选项,可以打开控制面板窗口,如图 7.11 所示。

图 7.11　控制面板窗口

2. 设置显示属性

双击上图中"显示"按钮,可以打开显示窗口如图 7.12 所示。

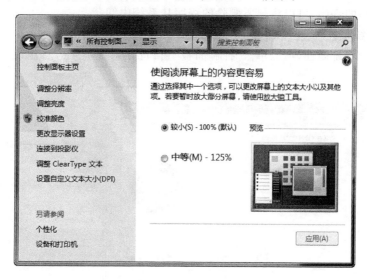

图 7.12　显示窗口

在这里可以更改系统分辨率,亮度等显示属性。其中分辨率是指屏幕图像的精密度,是指显示器所能显示的像素的多少。由于屏幕上的点、线和面都是由像素组成的,显示器可显示的像素越多,画面就越精细,同样的屏幕区域内能显示的信息也越多,所以分辨率是个非常重要的性能指标之一。

3. 添加或删除程序

如果要添加或删除程序,可以单击"控制面板"中的"程序与功能"图标,将打开程序与功能窗口,如图 7.13 所示。

图 7.13 添加或删除程序窗口

双击要删除的程序,可以将想要删除的程序从系统中卸载。

4. 查看系统属性

如果要查看系统属性,可以单击"控制面板"窗口的"系统"图标,将出现"系统"窗口,如图 7.14 所示。

图 7.14 系统信息窗口和系统属性窗口

这里可以查看系统基本信息,也可单击左侧边栏的高级系统设置,打开"系统属性"窗口,如图7.14所示。

在这里可以进行加入域名,更改计算机名,设置环境变量,打开远程桌面等操作。

5. 查看和设置网络

单击"控制面板"中的"网络和共享中心",可以打开网络和共享中心窗口,如图7.15所示。

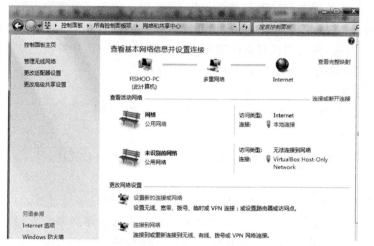

图 7.15　网络属性对话框

单击"更改适配器设置",然后右击"本地连接"→"属性"。

打开本地连接属性,再双击 Internet 协议版本 4 (TCP/IPv4)可以打开 TCP/IPv4 属性,可以设置用于上网的 IP 地址和域名(DNS)服务器地址,如图7.16所示。

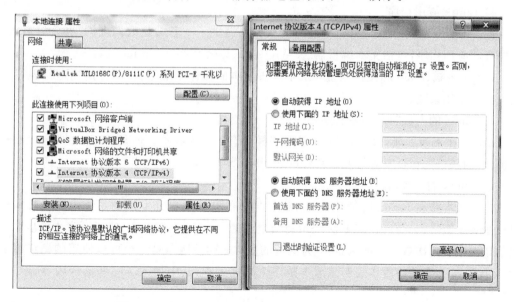

图 7.16　本地连接树形对话框和 TCP/IPv4 属性对话框

实验内容：

(1) 给计算机添加屏幕保护程序。

(2) 更改当前计算机的桌面背景。

(3) 调整屏幕分辨率，注意观察屏幕的变化。

7.1.4 Linux 操作系统的使用

Linux 是一种多用户、多任务的类 UNIX 风格的操作系统，以高效和灵活著称。它的独特之处在于它不受任何商品化软件的版权制约，全世界都能免费、自由使用。事实上，Linux 也是一种通用的操作系统，随着图形界面的逐渐完善和易用，在个人计算机上应用越来越广泛，在 Windows 中能完成的操作在 Linux 中也可以实现。

1. Linux 操作系统的组成

Linux 操作系统主要有 4 个部分：内核、Shell、文件系统和应用程序。

1) Linux 内核

内核是系统的核心，是运行程序和管理磁盘、打印机等硬件设备的核心程序。

2) Linux Shell

Shell 是系统的用户界面，提供了用户与内核进行交互操作的一种接口。它接受用户输入的命令，并对其进行解释，最后送入内核去执行，实际上就是一个命令解释器。人们也可以使用 Shell 编程语言编写 Shell 程序，这些 Shell 程序与用其他程序设计语言编写的应用程序具有相同的效果。

3) Linux 文件系统

文件系统是文件存放在磁盘等存储设备上的组织方法。Linux 的文件系统呈树形结构，同时它也能支持目前流行的文件系统，如 EXT2、EXT3、FAT、VFAT、NFS、SMB 等。

4) Linux 应用程序

同 Windows 操作系统一样，标准的 Linux 也提供了一套满足人们上网、办公等需求的程序集即应用程序，包括文本编辑器、X Windows、办公套件、Internet 工具等。

Linux 内核、Shell 和文件系统一起形成了基本的操作系统结构，可使用户运行程序，管理文件并使用系统。

2. Linux 的内核版本与发行版本

Linux 在不断发展，跟 Windows 系列一样具有不同的版本。但是 Linux 的版本号分为两部分，内核（Kernel）版本与发行套件（Distribution）版本。

1) Linux 的内核版本

内核版本是在 Linux 的创始人 Linus 领导下的开发小组开发出的系统内核的版本号。由三个数字组成：$r.x.y$。其中，r 表示目前发布的 Kernel 主版本；x 表示开发中的版本；y 表示错误修补的次数。一般来讲，x 为偶数的版本表明该版本是一个可以使用的稳定版本，如 2.4.6；x 为奇数的版本表明该版本是一个测试版本，其中加入了一些新的内容，不一定稳定，如 2.1.11。

Red Hat Fedora Core 5 使用的内核版本是 2.6.16。表明 Red Hat Fedora Core 5 使用的是一个比较稳定的版本，修补了 16 次。

2）Linux 的发行版本

发行版本是一些组织或厂商将 Linux 系统内核与应用软件和文档包装起来，并提供一些安装界面和系统设定管理工具的一个软件包的集合。相对于内核版本，发行套件的版本号随发布者的不同而不同，与系统内核的版本号相对独立。如 Red Hat Fedora Core 5 指 Linux 的发行版本号，而其使用的内核版本是 2.6.16。

Linux 是自由软件，任何组织、厂商和个人都可以按照自己的要求进行发布，目前已经有了 300 余种发行版本，而且数目还在不断增加。Red Hat Linux、Fedora Core Linux、Debian Linux、Turbo Linux、Slackware Linux、Open Linux、SuSE Linux 和 Redflag Linux（红旗 Linux，中国发布）等都是流行的 Linux 发行版本。

3. Linux 的基本操作

本节主要介绍 Ubuntu 10.04。进入系统后的界面如图 7.17 所示。

图 7.17 Ubuntu 10.04 桌面

其窗口操作基本与 Windows 类似，在 Ubuntu 中的菜单称之为"面板"，桌面上方是主面板，底端的是副面板。

1）安装软件

Ubuntu 可以在终端中输入 apt-get install XXX 来安装软件，系统会自动找到所有依赖的安装包来安装，如果是普通用户则需输入 sudo apt-get install XXX。

用户也可以借助软件包管理器来安装，单击面板中的"系统"→"系统管理"→"软件包管理器"，如图 7.18 所示。

在这可以搜索想要安装的软件包，然后标记，进行"安装"→"应用"，即可安装所需的软件。

2）上网配置

单击"系统"→"首选项"→"网络连接"，打开网络连接窗口，如图 7.19 所示。

针对不同的上网方式，选择相应的选项卡，选中设备单击"编辑"可以进行相关参数的

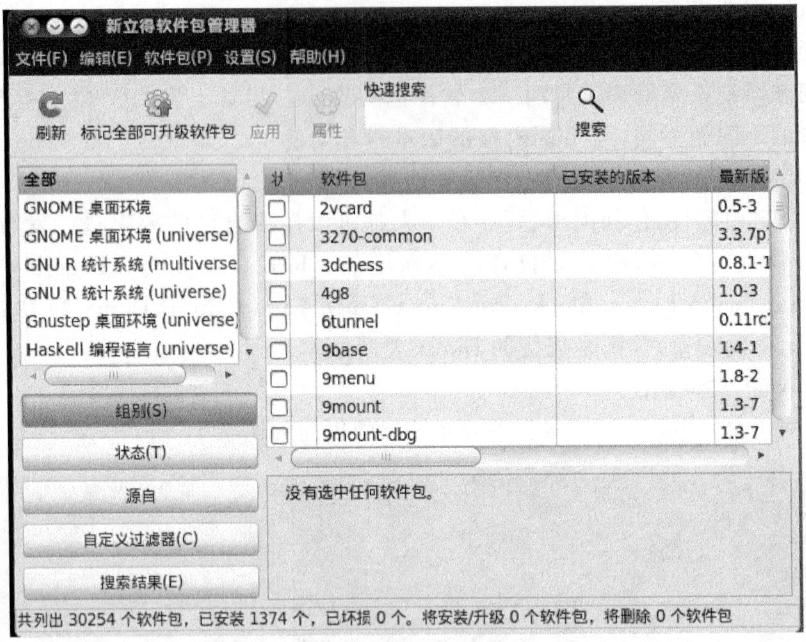

图 7.18　Linux 下安装软件

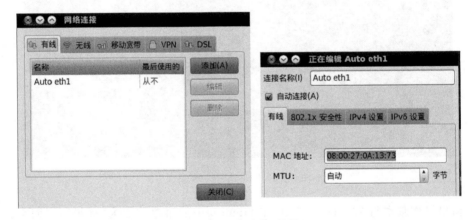

图 7.19　网络连接对话框

设置。

3）终端操作

执行"应用程序"→"附件"→"终端"命令，可打开终端窗口。用户可以在窗口显示的提示符后输入带有选项和参数的命令并按下 Enter 键即可执行该命令。终端窗口被打开后，将显示一个 shell 提示符，通常为字符"$"，如果是根用户 root 登录，则提示符为"#"。在提示符后输入 Linux 命令，即可在窗口中看到命令运行的结果，后面会紧跟一个 shell 提示符，表示可以输入新的命令，如图 7.20 所示。

图 7.20　超级终端窗口

在终端窗口中常用的 Linux 命令如表 7.2 所示。

表 7.2　常用的 Linux 命令

命令	功　能
clear	清除终端屏幕
cp	将文件或文件夹复制到其他文件夹
date	显示系统当前的日期和时间
diff	找出两个文件之间的不同之处
exit	关闭终端窗口
free	查看当前系统内存的使用情况
gedit	打开一个全屏幕文本编辑器
less	一屏一屏地查看超过一个屏幕的文件的内容
ls	显示当前文件夹中的文件和子文件夹列表
man	显示一个命令的详细信息
mkdir	建立子文件夹
mv	将文件及文件夹移动到其他位置或更改文件和文件夹的名称
pwd	显示当前所处的文件夹的完整路径
rm	删除文件夹中的文件或文件夹
vi	打开一行编辑器编辑文本文件
tar	文件压缩与解压缩

4. Linux 下的 C 程序开发

在 Linux 操作系统下,一般进行 C 程序开发的过程如下:

1) 编写源程序

C 语言源程序也是文件,因此,需要使用一定的文本编辑工具,编写符合语言语法规则的源程序。Linux 的 vi、Gedit 或者其他的任何文本编辑工具都可以用来编写源程序,不过应注意,C 语言源程序文件的后缀名为 .c。

2) 编译

源程序文件不能运行,因此,需要一个翻译工具即编译器,将源程序编译成一个可以运行的可执行文件。

3) 运行

运行编译后得到的可执行文件,可以观察运行结果是否正确。

4) 调试程序

如果可执行文件运行的结果与预期不太相符,就需要使用调试工具来帮助程序员定位错误,并进行改正。

5) 修改和维护

程序经过检验证明正确无误,即可投入使用。但是在使用的过程中也会发现隐藏的比较深的新错误,就需要不断地对源程序进行修改。

下面主要对 C 程序开发过程的前三个阶段进行介绍。

1) 用 vi 编辑器编写 C 程序

打开"终端"命令窗口,在 shell 提示符后输入以下命令,并按 Enter 键结束。

```
vi helloworld.c
```

终端窗口将会打开 vi 编辑器,并允许用户输入 C/C++程序,文件名为"helloworld.c"将显示在编辑窗口的左下角。编辑窗口如图 7.21 所示。

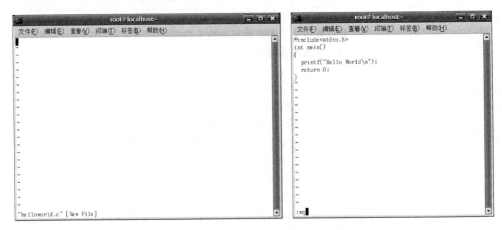

图 7.21　vi 的编辑界面和 vi 编辑器的保存退出

首先,按下 i 键,将模式改为插入模式,输入以下代码,该代码是一段 C 语言程序:

```
#include < stdio.h>
int main()
{
    printf("Hello World!\n");
    return 0;
}
```

然后,按下 Esc 键,退出编辑模式,输入冒号,转入命令模式,输入命令"wq",不含引号,":wq"将出现在编辑窗口的最下方,如图 7.21 右侧图例所示,按下 Enter 键,将保存文件并关闭 vi 编辑器。在终端窗口中输入命令"ls",可以发现,当前文件夹中多了一个"helloworld.c"文件。

2) 使用 gcc 编译程序并运行程序

使用 vi 编辑器编写好了 C 语言源程序,接着需要使用编译器进行编译,Linux 中提供的 C 编译器为 gcc。

在终端窗口的 shell 提示符后,输入以下命令,并按下 Enter 键:

```
gcc - o hello.exe helloworld.c
```

编译器 gcc 将开始执行,将"helloworld.c"这个源程序进行编译,生成一个文件名为"hello.exe"的可执行文件。命令行中的"helloworld.c"必须跟刚才用 vi 编写的源程序文件的文件名一致,"hello.exe"表示编译后得到的文件的名字,可随意书写,但为了突出编译的结果是可执行文件,最好保证其后缀为.exe。如果没有任何提示信息,则编译顺利通过,用"ls"命令查看,可以发现多了一个"hello.exe"的文件。

得到了可执行文件,接下来就是执行这个可执行文件了。在终端窗口的 shell 提示符后,输入以下命令,并按下 Enter 键:

```
./hello.exe
```

终端窗口中出现一行输出"Hello World",这就是刚才编写的 C 语言程序编译,运行之后的输出结果,如图 7.22 所示。

图 7.22　编写、编译并运行 C 程序的终端窗口

7.2　文稿编辑软件操作实验

实验目的:

1. 熟悉文稿编辑软件的基本操作。
2. 掌握文稿编辑软件中图、文、表和对象的操作。
3. 掌握样式和模板的使用。
4. 掌握文稿编辑软件的排版功能。

7.2.1　Word 2010 的基本操作

1. 工作界面

启动 Word 2010 应用程序后,将看到如图 7.23 所示的工作界面。Word 2010 的界面不仅美观实用,而且与 word 前期版本相比,各个工具按钮的摆放更方便用户的操作。

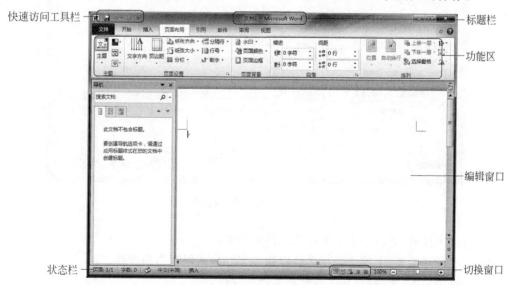

图 7.23　Word 2010 页面视图

2. 视图模式

与 Word 2003 类似,Word 2010 也提供了多种视图模式,具体为页面视图、阅读版式视图、Web 版式视图、大纲视图和普通视图 5 种。可以通过"视图"功能区或右下方视图按钮切换视图模式。页面视图如图 7.23 所示。

3. 文档基本操作

文档操作是使用 Word 最基本的操作,用户必须知道如何创建新文档、保存文档、打开文档及关闭文档,之后才能对文档进行更进一步的操作。

1) 创建新文档的方式

单击"文件"中的"新建"按钮,或按下 Ctrl+N 组合键。

2) 打开文档的方式

单击"文件"中的"打开"按钮,或按下 Ctrl+O 组合键。

3) 保存文档的方式

保存可以说是 Word 最重要的功能,平时工作时要每隔一段时间对文档保存一次,这样可以有效地避免因停电、死机等意外事故而前功尽弃。保存文档的具体步骤如下:

(1) 单击"文件"中的"保存"按钮,或按下 Ctrl+S 组合键,也可以单击工具栏最上面的"保存"按钮。

(2) 在"保存位置"列表框中选择一个保存文件的位置,如图 7.24 所示。

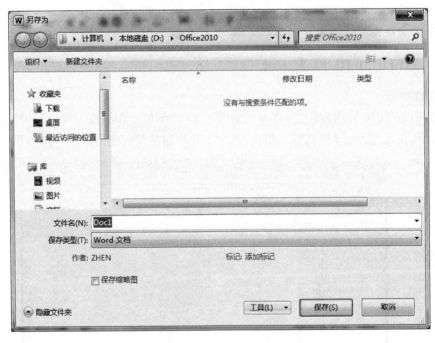

图 7.24 "另存为"对话框

(3) 在"文件名"下拉列表框中输入文档的名称。

(4) 在"保存类型"下拉列表框选择以何种文件格式保存当前文件。

(5) 最后,单击"保存"按钮完成保存文档的操作。

如果既想保存修改后的文档,又不想覆盖修改前的内容,用户可以把修改后的文档当作一个副本保存下来。就是把文档以另外一个名字保存起来,而原来的文档仍然以原来的名字保存。操作方法是单击"office"按钮中的"另存为"按钮,并在打开的"另存为"对话框中进行相应设置即可。

4) 退出 Word 文档的方式

单击"office"按钮中的"关闭"按钮,或是单击文档右上方的"×"。

5) 编辑文档

编辑文档主要包括字体格式的设置和段落格式的设置。两者的设置都在"开始"选项卡的界面,如图 7.25 所示。

图 7.25　工具栏窗口

对字体格式的设置和对段落格式的设置,都可以单击其相应右侧的斜向下的按钮,打开的对话框如图 7.26 所示。

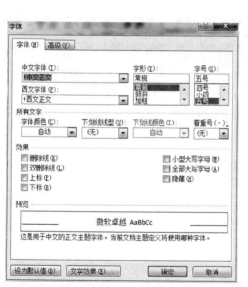

图 7.26　字体和段落对话框

在字体对话框的相应位置可以进行字体、字号、字形等字体格式的设置。在段落对话框的相应位置可以进行段落的左缩进、右缩进、首行缩进等段落格式的设置。

4. 项目符号与编号

项目符号和编号可以使文档条理清楚、重点突出,提高文档编辑速度,下面将介绍一些使用项目符号和编号的方法及技巧。

1）添加项目符号或编号

单击"开始"→"项目符号"按钮添加自动项目符号；单击"开始"→"编号"按钮添加自动编号。

2）中断项目符号或编号的方法

（1）按一次 Enter 键，单击一下"项目符号"或"编号"按钮，后续段落将取消项目符号或编号。

（2）按两次 Enter 键，后续段落将自动取消项目符号或编号。

（3）按一次 Enter 键，再按一次 Ctrl＋Z 组合键，后续段落将取消项目符号或编号。

3）删除项目符号或编号的方法

（1）将光标移到编号和正文之间，然后按 Backspace 键可删除行首编号。

（2）选中要取消项目符号或编号的一个或多个段落，再单击"项目符号"按钮或"编号"按钮。

4）追加项目符号或编号的方法

（1）将光标移到包含编号的段尾，然后按 Enter 键，即可在下一段插入一个编号，原有后续编号会自动调整。

（2）将带有自动编号的段落复制到新位置时，新段落将应用自动编号。

（3）中断编号并输入多段后，选中需接排编号的段落，然后单击"编号"按钮，选择和上一段的相同编号样式后，再选中段前的"继续编号"按钮。

5）使用多级编号的步骤

（1）单击"多级列表"按钮，选择其中的一种选项，例如第 2 种，例子显示如图 7.27 所示。

图 7.27　选择多级编号前及预览效果

（2）如果想把 2、3 和 4 的内容变成 1 的下一级序号。则选择 2、3 和 4 的内容后，单击"增加缩进量"选项，如图 7.28 所示。

（3）如果想把 3、4 和 5 的内容变成 2 的下一级序号。则选择 3、4 和 5 的内容后，单击"增加缩进量"选项，如图 7.29 所示。

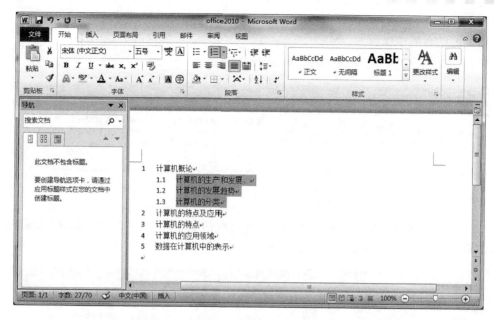

图 7.28　选中段落变成下一级别的效果图

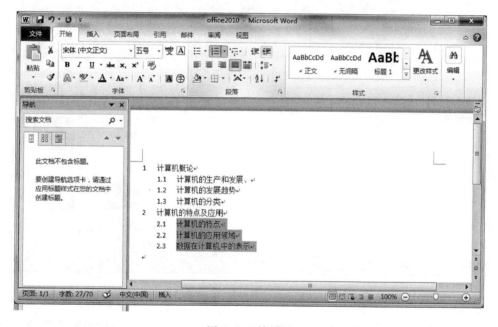

图 7.29　效果图

（4）如果想把 2.1、2.2 和 2.3 的内容变回上一级序号，选中后单击"减少缩进量"选项，这样图 7.29 变回了图 7.28。

7.2.2　图片、表格和公式的操作

1. 插入图片

Word 2010 提供了一个剪贴画库，这个剪贴画库自带有大量图片，用户可以随时使用剪

贴画库中的图片。

插入剪贴画的步骤如下：

（1）单击"插入"→"剪贴画"按钮，如图 7.30 所示。

图 7.30　单击"剪贴画"按钮

（2）单击"剪贴画"按钮后窗口的右侧弹出的对话框如图 7.31 所示。单击"搜索"后剪贴画即可全部显示出来，如图 7.31 所示。

图 7.31　"剪贴画"对话框

（3）通过右侧的上下滚动条选择要插入的剪贴画，然后单击一下即可插入图片。例如选中"牛"的图片，单击一下插入图片效果如图 7.32 所示。

文件中的图片插入的步骤如下：

（1）单击"插入"→"图片"按钮，如图 7.33 所示。

（2）单击"图片"按钮，进入的对话框如图 7.34 所示，在此对话框中找到要插入的文件路径，双击插入的图片，即可把图片插入到文档中。

在 Word 2010 文档中插入图片或剪贴画后，一般不符合排版的需要，因此，还需要对图片的格式进行必要的设置。设置图片格式的步骤如下：

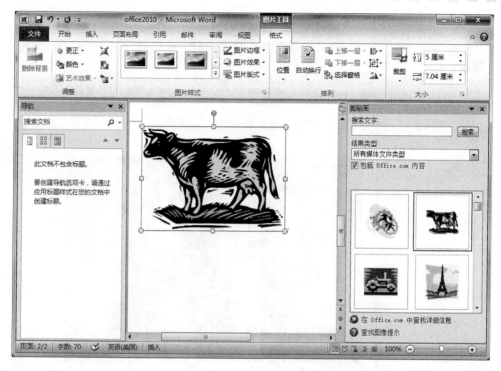

图 7.32 插入剪贴画的效果图

图 7.33 单击"图片"按钮

图 7.34 "插入图片"对话框

（1）选中要设置的图片，单击菜单栏中的"格式"，如图 7.35 所示。

图 7.35 "格式"对话框

（2）单击"自动换行"按钮，弹出一个下拉菜单，如图 7.36（a）所示，选择相应的命令即可设置文字环绕方式。选择"四周型环绕"的效果如图 7.36（b）所示。

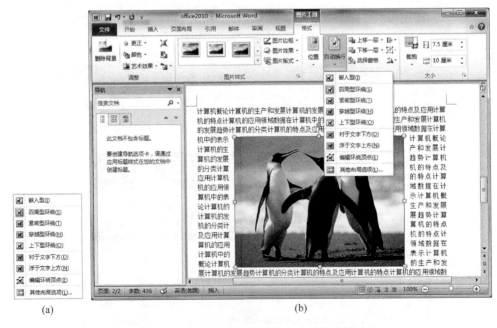

(a)   (b)

图 7.36 选择"四周型环绕"及之后的效果图

除了可以在文档中对图片进行缩放,调整其大小外,还可以使用裁剪图片的边缘的方法调整图片大小,具体操作步骤如下:

(1) 选择要裁剪的图片,然后单击菜单栏上的"格式"选项,如图7.37所示。

图7.37 "格式"对话框

(2) 在工具栏上选择右侧的"裁剪"按钮,即可进入裁剪状态。当裁剪结束后再单击一次"裁剪"按钮,退出裁剪状态。

2. 插入表格

在使用过程中,有时还要对一些文本进行有规则的排版,如果使用表格的方法对文本进行格式化处理,就可以达到更好的效果。

1) 创建表格的方法有多种

(1) 单击"插入"→"表格"→"插入表格"按钮,拖动鼠标到所需的行和列数,这时文档中就会出现一个满页宽的表格,如图7.38所示。

(2) 单击"插入"→"表格"→"插入表格"选项,打开"插入表格"对话框,如图7.39所示,设置行数和列数。

图7.38 "插入表格"窗口

图7.39 "插入表格"对话框

(3) 单击"插入"→"表格"→"绘制表格"按钮,这时鼠标会变成笔形指针,将指针移到文本区中,从要创建的表格的一角拖动至其对角,可以确定表格的外围边框。在创建的外框或已有表格中,可以利用笔形指针绘制横线、竖线、斜线等。

2) 合并和拆分表格、单元格

合并表格就是把两个或多个表格合并为一个表格,拆分表格则刚好相反,是把一个表格拆分为两个以上的表格。

如果要合并两个表格,只要删除上下两个表格之间的内容或按回车键即可。

如果要合并单元格,首先选择需要合并的单元格,然后单击"布局"→"合并单元格"命令,或者在选定单元格上右击,从弹出的快捷菜单中选择"合并单元格"选项,如图7.40所示为合并前后的单元格。

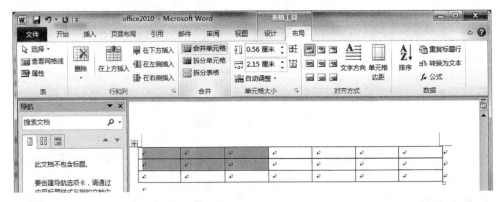

图7.40　合并前后效果图

如果要将一个表格拆分为上、下两部分的表格,首先将光标置于拆分后的第二个表格上,然后单击"布局"→"拆分表格"命令即可。

如果要拆分单元格,首先选中该单元格,然后单击"布局"→"拆分单元格"命令,或者右击选定的单元格,从弹出的快捷菜单中选择"拆分单元格"选项。

3) 编辑表格

对已经制作好的表格,用户可以对其进行拆分或合并,还可以对其进行增加或删除行、列和单元格。

用菜单命令插入行、列或单元格的步骤如下:

(1) 将光标置于要添加或删除行、列的左右单元格内。

(2) 单击"布局"菜单项,弹出对话框如图7.41所示,选择"在上方插入"、"在下方插入"、"在左侧插入"或"在右侧插入"即可在相应的位置插入行或列。

(3) 如果想插入单元格则单击"行和列"右侧的"表格插入单元格"按钮。弹出对话框如图7.42所示,即可进行单元格的插入操作。

用菜单命令删除行、列或单元格的步骤如下:

(1) 将光标置于要添加或删除行、列的左右单元格内。

图 7.41　布局对话框

（2）单击"布局"菜单项，单击"删除"按钮弹出的窗口如图 7.43 所示，选择相应项即可达到删除的目的。

在实际操作中，Word 把表格的每一个单元格看作一个独立的文档，而表格的每一列可以看作是一个分栏。可以根据每一栏的需要，设置栏宽、列间距与行高。选定要更改的行或列。单击"布局"→"单元格大小"，进行相应的调整即可更改行或列的高度。

如果想设置表格中文本的排版，则单击"布局"→"对齐方式"即可进行文字的对齐方式的设置、文字方向的设置和单元格边距的设置。

如果想绘制斜线表头，则单击"布局"→"绘制斜线表头"即可进行斜线表头的设置。

3. 插入公式

在数学、物理和化学等书籍中，公式是不可缺少的部分。有些公式不但复杂，且公式的符号繁多。利用 Word 2010 中的公式可以像输入文字一样完成常见的数学公式的插入，或者使用数学符号库构造自己的公式。下面介绍一下公式的使用方法，输入公式的具体步骤如下：

（1）单击"插入"→"公式"按钮，弹出窗口如图 7.44 所示。

图 7.42　表格插入单元格窗口

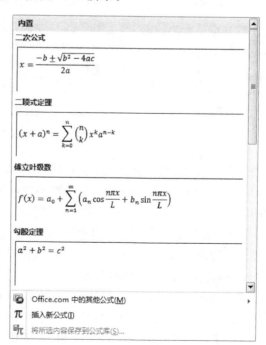

图 7.44　公式窗口

图 7.43　删除窗口

（2）如果插入给定的数学公式，则选择相应的对话框即可，例如二次公式、二项式定理或傅里叶级数等。如果插入新的公式，不是给定的已有公式，则选择"插入新公式"。弹出对话框如图 7.45 所示。

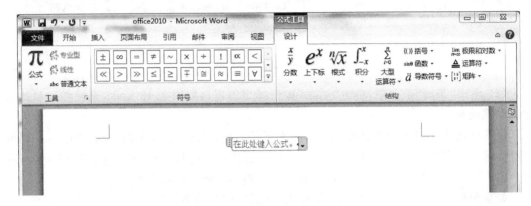

图 7.45　新公式对话框

这样就可以利用工具栏给出的数学符号在"在此处键入公式"处插入新公式。

7.2.3　页眉和页脚的设置

页眉和页脚是在文档页的顶部和底部重复出现的文字或图片等信息。在页面视图中看到的页眉和页脚会变淡，但是不影响打印的效果。

1. 创建页眉和页脚

（1）单击"插入"→"页眉"按钮，如图 7.46 所示。

图 7.46　"插入"对话框

（2）单击"页眉"按钮后弹出的窗口如图 7.47 所示。

（3）在上图中选择一种页眉的设置类型即可进入页眉的编辑状态。例如单击"空白（三栏）"的界面如图 7.48 所示。这样就可以进行相应内容的设置了。

（4）当页眉内容设置完毕可以单击图 7.48 右侧的"关闭页眉和页脚"按钮退出。

创建页脚的内容可以单击"转至页脚"按钮进入相应的编辑状态。

2. 创建首页不同的页眉和页脚

一篇文档的首页常常是比较特殊的，例如，文章的封面或图片简介等一般不需要加页眉和页脚。此时，对页眉和页脚进行设置的具体操作步骤如下：

（1）单击"插入"按钮，打开"插入"窗口，如图 7.49 所示。

（2）单击"页眉"按钮后弹出窗口如图 7.50 所示。

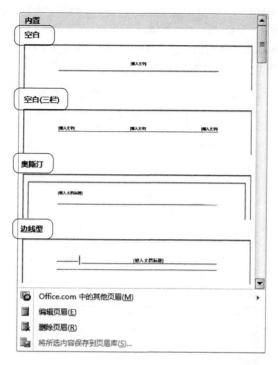

图 7.47　页眉窗口

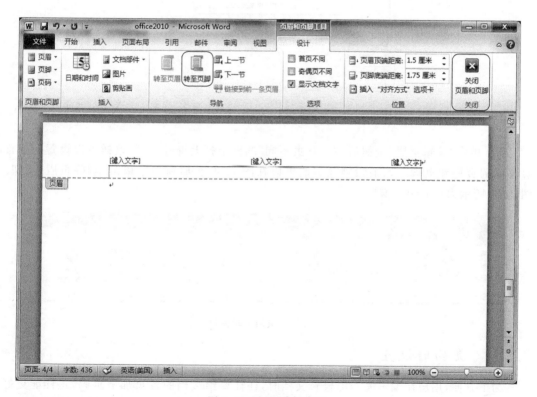

图 7.48　页眉编辑窗口

图 7.49　插入窗口

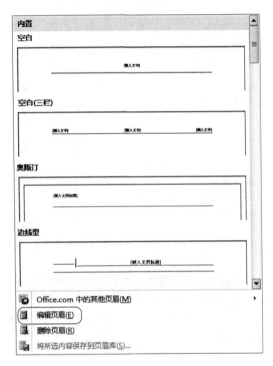

图 7.50　页眉窗口

（3）单击"编辑页眉"按钮后，在"首页不同"的框上打上符号"√"，这样可以设置一个首页不同的页眉和页脚。如果想删除页眉可以在图 7.50 页眉窗口中单击"删除页眉"按钮。图 7.51 所示为页眉编辑窗口。

图 7.51　页眉编辑窗口

7.2.4　页码的设置

为了方便，用户在编辑完一篇较长文档时，往往要给文档的各页加上页码，这样能更好地浏览和管理文档。一篇文档的首页常常是比较特殊的，例如文章的封面或图片简介等一般不需要加页码。插入一个首页不同的页码步骤如下。

1）单击"插入"按钮，打开"插入"对话框，如图 7.52 所示。

图 7.52　插入对话框

2）单击图 7.52 中的"页码"按钮，打开"页码"对话框，如图 7.53 所示。

3）单击图 7.53 中的"设置页码格式"按钮，打开设置页码格式对话框，如图 7.54 所示。在"起始页码"的后面填写 0。然后单击"确定"按钮，回到图 7.52。

图 7.53　页码对话框

图 7.54　"页码格式"对话框

4）在图 7.52 中单击"页码"按钮，进入图 7.53，可以选择"页面底端"按钮，进入相应的对话框，如图 7.55 所示。

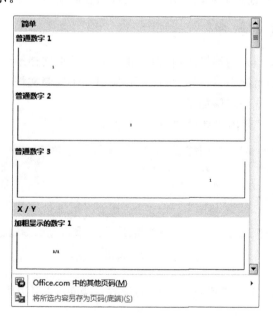

图 7.55　页面底端对话框

5）在"页面底端"对话框中任选一种类型即可进入相应的设置。例如选择"普通数字 2"。设置的界面如图 7.56 所示。

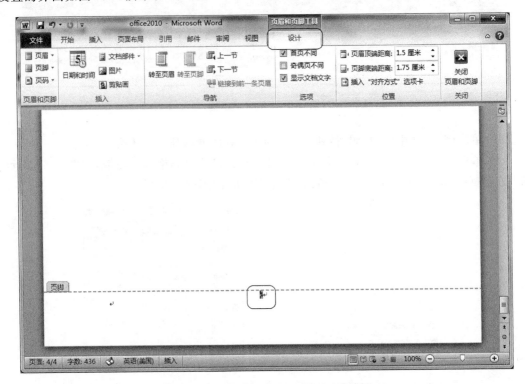

图 7.56 选择"普通数字 2"的页码效果图

6）为了使首页不同，在"首页不同"的框上打上符号"√"，然后去掉首页的页码 0。这样就得到一个首页为空，其他页的页码是从 1 开始计数在底端居中显示的文档。

7.2.5 页面设置与打印

页面设置可以在文档开始编辑之前进行，也可以在结束文档编辑之后、打印输出之前进行。如果从制作文档的角度出发，设置页面格式应当先于编制文档，这样才有利于编制过程中的版式安排。页面设置的步骤如下：

（1）单击"页面布局"弹出工具栏如图 7.57 所示。

图 7.57 "页面布局"对话框

（2）可以利用图 7.57 的界面进行相应的设置。当单击"页边距"选项卡时弹出对话框如图 7.58 所示。

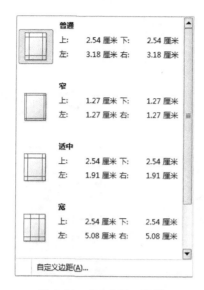

图 7.58　"页边距"对话框

（3）在图 7.58 中可以选择适合自己的页边距类型来修饰整个文档的页面，如果没有理想的页边距类型，可以选择"自定义边距"选项卡，弹出对话框如图 7.59 所示。

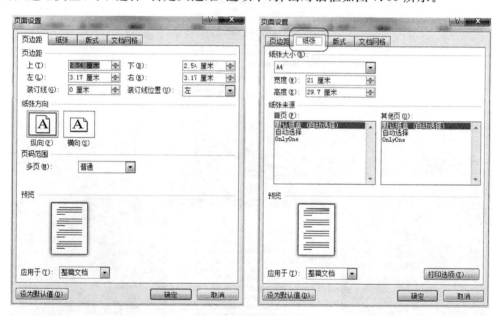

图 7.59　"页面设置"对话框

（4）在"页边距"选项卡中设置页边距和打印方向，在"纸张"选项卡中设置纸张大小。

用户在打印文档之前，可以进行打印预览、打印机属性设置、文档打印属性以及查看文档的打印效果、设置打印份数等操作。打印文档的步骤如下：

（1）单击"文件"，弹出对话框如图 7.60 所示。

（2）选择"打印"选项，弹出对话框如图 7.61 所示。

（3）选择"打印预览"选项，弹出对话框如图 7.62 所示。

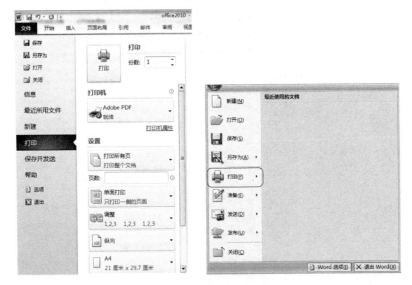

图 7.60　office 对话框

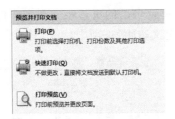

图 7.61　"预览并打印文档"对话框

图 7.62　"打印预览"对话框

　　如果预览文档的效果不理想,则单击"关闭打印预览"选项回到编辑文档的界面,继续编辑;如果预览文档效果很好,可以进行打印,则单击"打印"选项,弹出对话框如下:在"名称"对应的选项卡中可以选择打印机类型;"属性"按钮中可以设置打印机的属性;"页面范围"选项卡中可以设置打印的页面范围;"副本"选项卡中设置打印的份数等。当各项设置完毕即可单击"确定"按钮,如图7.63所示。

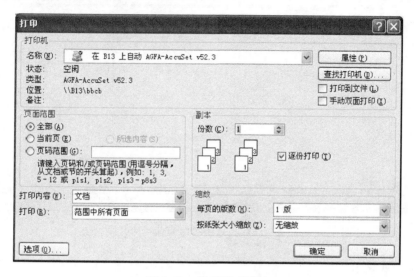

图7.63 "打印"对话框

7.3 电子表格软件操作实验

实验目的:

1. 熟悉电子表格软件的基本操作。

2. 掌握公式与函数的使用。

3. 掌握建立图标和进行数据管理的操作。

7.3.1 Excel 2010 的基本操作

　　Excel是微软办公套装软件的一个重要的组成部分,它可以进行各种数据的处理、统计分析和辅助决策操作,广泛地应用于管理、统计财经、金融等众多领域。

1. 窗口的组成

　　使用Excel时应先启动它,然后才能制作各种电子表格。启动Excel窗口如图7.64所示。

　　Excel窗口与Word窗口多数组成部分的功能是一样的,下面介绍一下不同的组成部分。

　　1)编辑栏

　　编辑栏用来显示活动单元格的常数、公式或文本内容等。

　　2)工作表标签

　　工作表标签显示了当前工作簿中包含的工作表。当前工作表标签以白底显示,其他工

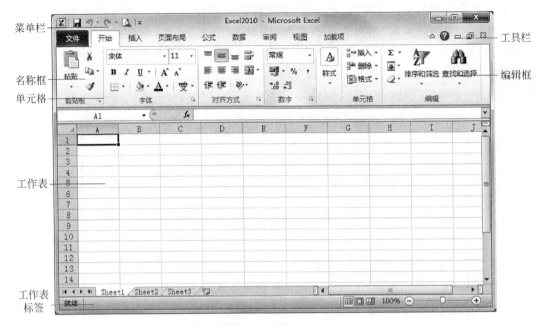

图 7.64 Excel 2010 页面视图

作表标签以灰底显示。

3) 工作表

用来输入信息。事实上,Excel 强大功能的实现,主要依靠对工作表区中的数据进行编辑和处理。

2. 工作簿、工作表、单元格

工作簿,Excel 中的文档就是工作簿,一个工作簿由一个或多个工作表组成。工作表是在 Excel 中用于存储和管理数据的主要文档,工作簿与工作表的关系,像账簿与账页的关系。工作表在工作簿中。单元格是指工作表中的格,横向用字母表示,竖向用数字表示。

7.3.2 公式的应用

Excel 的公式由数字、运算符、单元格引用以及函数组成。Excel 不仅提供了多种运算符号,更重要的是提供了丰富的函数,可以构造各种复杂的数学、统计、财务和工程运算公式,而且当公式中所引用的单元格的数值发生改变时,公式的计算结果也将自动更新,这是手工计算方式所无法企及的。

1. 输入公式和四则运算

1) 算术运算符

算术运算符可以完成基本的数学运算,有:＋(加)、－(减)、*(乘)、/(除)、^(乘方)等,运算的结果为数值。

2) 比较运算符

比较运算符可以比较两个同类型的数据(都是数值或都是字符或都是日期),比较运算符包括:＝(等于)、＞(大于)、＜(小于)、≥(大于等于)、≤(小于等于)、≠(不等于),运算的结果为逻辑值 TRUE 或 FALSE。

3）文本运算符

文本运算符"&"（也称连接运算符），用于把前后两个字符串连接在一起，生成一个字符串。算术运算和字符运算优先于比较运算。

2. 公式的输入

公式必须由"＝"开头，后面接表达式。输入公式的操作类似于输入文字，可以在单元格中输入，也可以在编辑栏里输入。

首先选中要输入公式的单元格，然后输入"＝"号和公式内容。如果要在编辑栏中输入公式，则选中要输入公式的单元格后单击编辑栏，再输入"＝"号和公式内容。输入完成后按Enter键或单击编辑栏中的输入按钮"√"确认。

例如：在单元格 E2 中求出前三项数据的平均值，步骤为：单击单元格 E2，输入"＝"号，再输入"(B2＋C2＋D2)/3"，按 Enter 键或单击编辑栏中的输入按钮"√"确认，结果如图 7.65 所示。

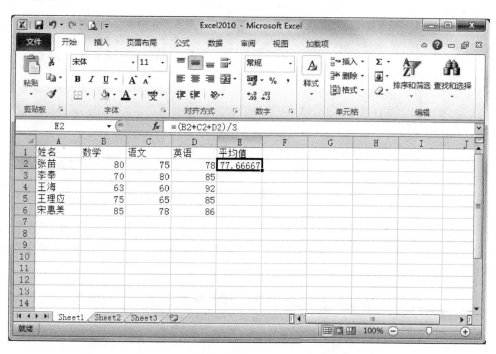

图 7.65　输入公式对话框

7.3.3　函数的使用

Excel 函数是预先定义，执行计算、分析等处理数据任务的特殊公式。以常用的求和函数 SUM 为例，它的语法是"SUM(number1,number2,…)"。其中"SUM"称为函数名称，一个函数只有唯一的一个名称，它决定了函数的功能和用途。函数名称后紧跟左括号，接着是用逗号分隔的称为参数的内容，最后用一个右括号表示函数结束。参数是函数中最复杂的组成部分，它规定了函数的运算对象、顺序和结构等。用户可以对某个单元格或区域进行处理，如分析存款利息、确定成绩名次、计算三角函数值等。

1. 手工输入函数

对于一些简单的函数,可以采用手工输入的方法。手工输入函数的方法同在单元格中输入公式的方法一样。可以先在编辑栏中输入一个等号,然后直接输入函数本身。例如,可以在单元格中输入下列函数:"=SUM(B3:F3)","=AVERAGE(B3:F3)"等。

2. 使用向导输入函数

对于比较复杂的函数,可使用函数向导来输入。利用函数向导输入可以指导用户一步一步地输入一个复杂的函数,避免在输入过程中产生错误。其具体操作步骤如下:

(1) 选中要输入函数的单元格,如图 7.66 成绩单窗口所示,选中单元格 G3。

(2) 单击 f_x 按钮弹出插入函数对话框,插入函数窗口如图 7.66 所示。

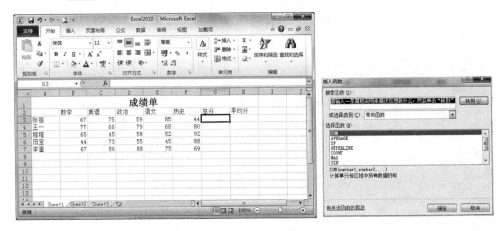

图 7.66　成绩单窗口和插入函数窗口

(3) 选择第一个 SUM 函数,弹出对话框如图 7.67 所示。如果"选择函数"列表框中没有想要的函数,在"选择类别"列表框中选择输入函数的类别,然后在"选择函数"列表框中选择需要的函数。

图 7.67　SUM 函数参数窗口

(4) 在图 7.67 中的 Number1 后的对话框中添加参数(求和的数据区域),单击"确定"按钮后,即可得到函数的结果,如图 7.68 所示。

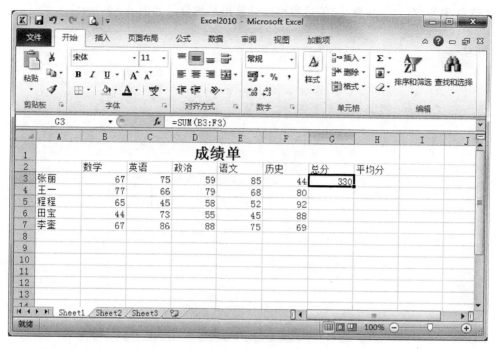

图 7.68　函数计算结果窗口

（5）将鼠标指针移到 G3 单元格右下角的填充控制点上，按住鼠标左键向下拖动到 G7，就会求出其他行的总分，如图 7.69 所示。

图 7.69　求和拖动窗口

(6) 按照步骤(1)～步骤(5)的过程可以计算出平均分。如图 7.70 所示。

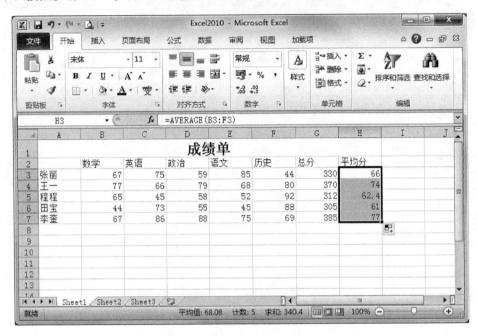

图 7.70　求平均值拖动窗口

(7) 平均分列表中有一位小数显示的数据，如果限制数据是整数，则单击"开始"→"常规列表框"，弹出窗口如图 7.71 所示。

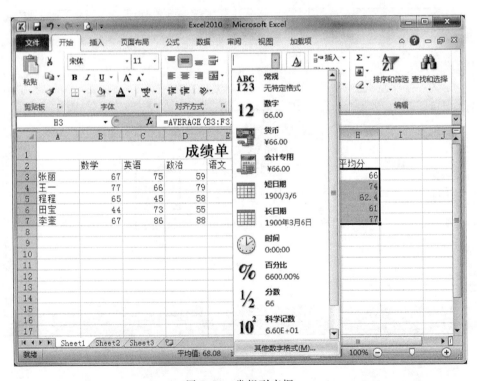

图 7.71　常规列表框

（8）选择"其他数字格式"按钮，弹出"设置单元格格式"窗口，如图7.72所示。

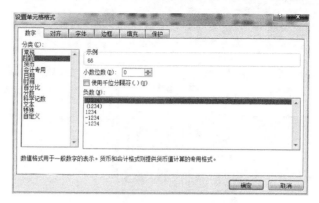

图7.72　设置单元格格式窗口

（9）在小数位数列表框中填0，然后单击"确定"按钮，这样平均分一列得到的就是四舍五入后的整数。

7.3.4　图表的使用

图表功能是Excel 2010的重要组成部分，根据工作表中的数据，可以创建直观、形象的图表，Excel 2010提供了柱形图、饼图、折线图等多种图表类型，用户可以根据需要选择适合的图表来表达数据信息，并且可以自定义图表、设置图表各部分的内容和格式。

1. 建立图表

（1）选择数据源，使用向导插入图表之前，先要选择作为图表数据源的单元格范围，如图7.73所示。

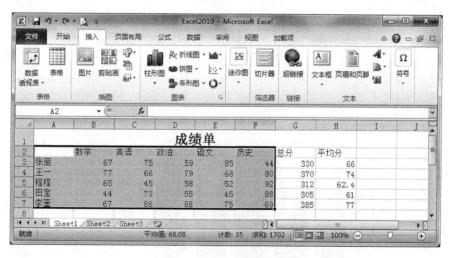

图7.73　选择数据源窗口

（2）单击"插入"→"柱形图"，弹出窗口如图7.74所示。

（3）选择适合的类型，假如选择"二维柱形图"中的第一个"簇状柱形图"。

（4）选中图表时显示"设计"状态下的工具栏，如图7.75所示。

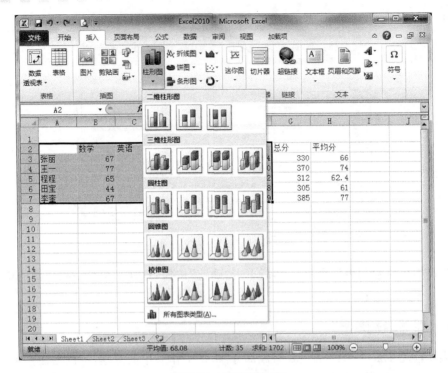

图 7.74　柱形图窗口

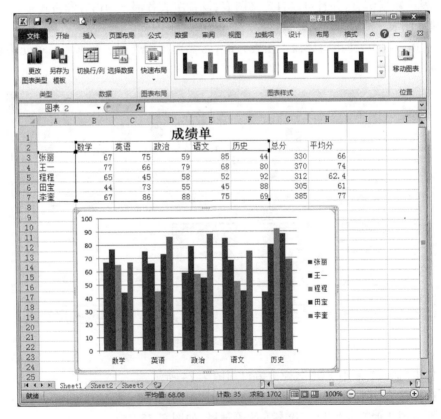

图 7.75　簇状柱形图

当单击"更改图表类型"选项时,就会更改当前图表类型;当单击"切换行/列"选项时,行和列标题内容互换;当单击"选择数据"选项时,可以重新选择数据源;当单击"图表布局"选项时,可以创建不同风格的图表;当单击"移动图表"选项时,可以创建图表和数据源在同一个工作表中(默认状态)或不在同一个工作表中两种情况。

2. 编辑图表

对于"图标标题"、"图列项"、"坐标轴"和"数据系列"等内容的设置方式为单击相应的位置进行相应格式的设置。如图 7.76 所示。

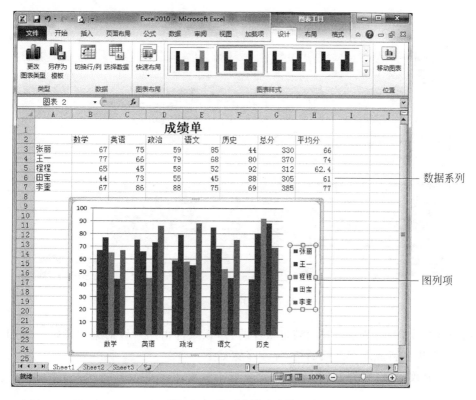

图 7.76 图表各项内容

7.3.5 数据排序与筛选

Excel 2010 不仅可以制作一般的表格,而且可以输入数据清单,并对数据清单中的数据进行排序和筛选等。

1. 排序数据

如果要对数据按照某一字段的值进行排序,具体操作步骤如下:

(1)选择要排序的数据,然后单击"数据"→"排序"按钮,弹出对话框如图 7.77 所示。

(2)在主要关键字列表框中选择"总分"、"数值"、"降序",这样选中的数据就会按照总分从高到低的顺序进行排序了,如图 7.78 所示。如果排序还需要次要关键字,则选择"添加条件"按钮,这样会添加一个次要关键字。

2. 筛选数据

与排序不同,筛选只是暂时隐藏不必显示的行,而且一次只能对工作表中的一个数据清

图 7.77　"排序"对话框

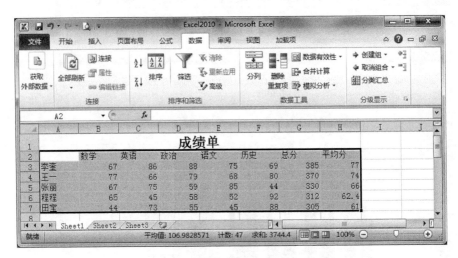

图 7.78　排序结果窗口

单使用筛选命令,筛选清单仅显示满足条件的行,该条件由用户针对某列指定。假如"成绩单"中要筛选出各科成绩都及格的行,操作步骤如下:

(1) 选中数据源,如图 7.79 所示。

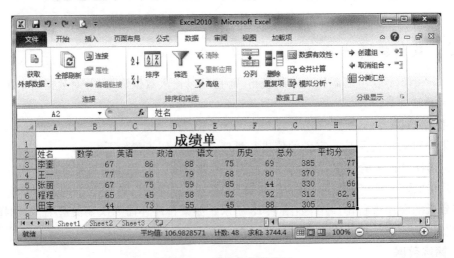

图 7.79　选中数据源窗口

（2）单击"数据"→"筛选"选项，这时每个数据清单的列标题处都会出现下拉箭头，如图7.80所示。

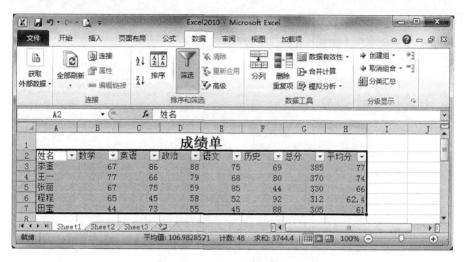

图7.80 添加筛选后的窗口

（3）单击"数学"列标题的下拉箭头，就会弹出菜单，如图7.81所示。

图7.81 弹出菜单

（4）单击"数学筛选"按钮，弹出对话框如图 7.82 所示。

图 7.82　数学筛选弹出菜单

（5）选择"大于或等于"选项，弹出对话框，在数学字段对应的左侧下拉列表中选择"大于或等于"选项，右侧添加 60。如果再有别的条件，根据实际状况进行选择"与"或"或"来添加条件。如图 7.83 所示。

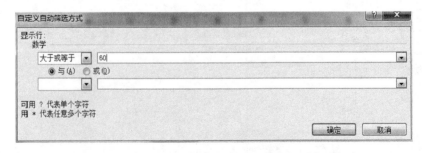

图 7.83　自定义自动筛选方式窗口

（6）单击"确定"按钮，筛选出"数学"及格的行，不及格的行被隐藏了。如图 7.84 所示。按照步骤（3）～步骤（6）的过程依次对"英语"、"政治"、"语文"和"历史"4 列进行筛选。

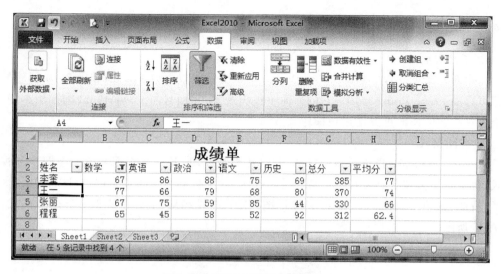

图 7.84 数学及格的筛选结果窗口

筛选过的列标题右侧显示的图形是 ![icon1]，未筛选的列标题右侧显示的图形是 ![icon2]，如果筛选过的列还原回未筛选的状态，则单击列标题右侧的下拉箭头，然后选择"全选"选项，这样就筛选出各科都及格的行。如图 7.85 所示。

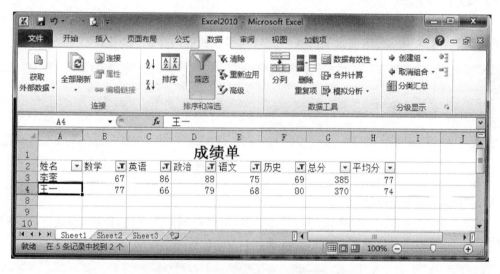

图 7.85 各科都及格的筛选结果窗口

7.4 演示文稿软件操作实验

实验目的：

1. 熟悉 PowerPoint 2010 的基本操作。
2. 掌握幻灯片的外观设计和播放效果。

7.4.1　PowerPoint 2010 的基本操作

1. 工作界面

通过开始菜单→程序启动 PowerPoint 2010 或直接双击由 PowerPoint 2010 创建的文件即可启动 PowerPoint 2010。它的界面不仅美观实用，而且与 PowerPoint 前期版本相比，各个工具按钮的摆放更方便用户操作。

2. 视图模式

PowerPoint 2010 提供了普通视图、幻灯片浏览视图、备注页视图和阅读视图 4 种视图模式，每种视图都包含有该视图下特定的工作区、功能区和其他工具。用户可以在功能区中选择"视图"选项卡，然后在"演示文稿视图"组中选择相应的按钮即可改变视图模式，如图 7.86 所示。

图 7.86　PowerPoint 2010 视图模式

3. 幻灯片的编辑

对于幻灯片中文本的编辑，PowerPoint 2010 和 Word 2010 相似，包括对幻灯片、字体、段落的设置，通过"开始"选项卡下的各组工具来实现相应的操作，如图 7.87 所示。

图 7.87　PowerPoint 2010 视图模式

4. "插入"选项卡的使用

在 PowerPoint 2010 中，单击"插入"选项卡，可以看到插入表格、插图、超链接、文本框、媒体剪辑、特殊符号等工具栏，如图 7.88 所示。

图 7.88　PowerPoint 2010 插入窗口

5. 插入表格

单击表格，出现图 7.89 所示的对话框。

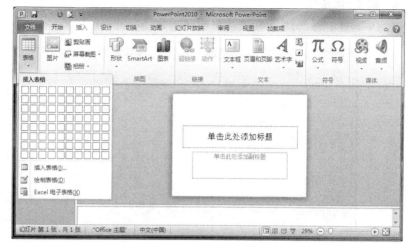

图 7.89　PowerPoint 2010 插入表格

6. 插入"插图"

PowerPoint 2010 提供的插图有图片、剪贴画、相册、形状、SmartArt、图表等,如图 7.90 所示。

图 7.90　PowerPoint 2010 插入插图

7. 插入 SmartArt 图形

在 PowerPoint 2010 插入 SmartArt 图形如图 7.91 所示。

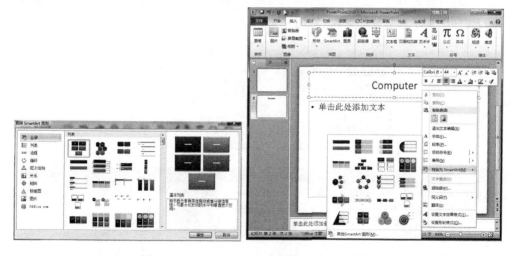

图 7.91　PowerPoint 2010 插入 SmartArt 图形

8. 插入"链接"

在 PowerPoint 2010 中插入链接如图 7.92 所示。

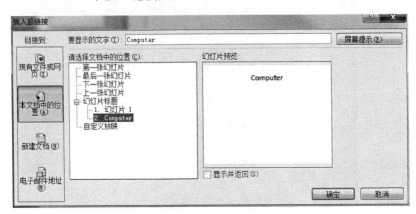

图 7.92　PowerPoint 2010 插入链接

9. 插入"文本"和"符号"

"插入"选项卡下的"文本"和"特殊符号"工具栏包括文本框、页眉和页脚、艺术字、日期和时间、幻灯片编号、符号、对象几个选项。

10. 插入"媒体剪辑"

在演示文稿中,可以插入声音文件、动画文件及电影剪辑片段。具体操作步骤如下:

打开要插入影片和声音的幻灯片,选择"插入"选项卡中的"媒体剪辑"工具栏中的"影片"或"声音"命令,按提示进行操作,从剪辑库中获得所需文件,单击"插入"按钮。

7.4.2　PowerPoint 2010 的外观风格

1. 幻灯片设计

单击"设计"选项卡,可对幻灯片进行页面、主题、背景等的设置。背景是应用于整个幻灯片(或幻灯片母版)的颜色、纹理、图案或图片,其他一切内容都位于背景之上,按照标准的定义,它应用于整个幻灯片的页面,如图 7.93 所示。

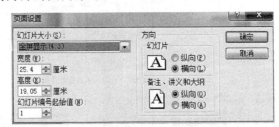

图 7.93　PowerPoint 2010 页面设置和设计对话框

2. 主题

主题就是一组设计设置,其中包含颜色设置、字体选择、对象效果设置。一个主题仅能包含一组设置,主题就是一个可扩展标识语言(XML)文件,是一段代码片段,如图 7.94 所示。

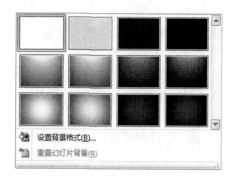

图 7.94　PowerPoint 2010 的主题

3. 幻灯片母版

母版又称为主控,用于建立演示文稿中所有幻灯片都具有的公共属性,是所有幻灯片的底版,PowerPoint 2010 的母版如图 7.95 所示。

图 7.95　PowerPoint 2010 的母版

根据设计模板创建演示文稿,如图 7.96 所示。

图 7.96　PowerPoint 2010 的新建演示文稿

　　整个幻灯片的各个部分之间都是有对应关系的,当鼠标移动到某个颜色方案时,就可以预览到配色方案的实际情况,如图 7.97 所示。

实验内容:

　　设计一套演示文稿,介绍你感兴趣的某样事物或欣赏的某个人,某个风景名胜,幻灯片的张数不小于 6。要求将以下概念运用到演示文稿中。

- 利用母版的概念,为每张幻灯片设置一个相同的图片,并添加日期和页码。
- 对其中的某张幻灯片设置一个纹理背景。
- 修改幻灯片的配色方案。

7.4.3　PowerPoint 2010 的播放效果设置

1. 切换效果

　　切换效果是应用在幻灯片换片过程中的特殊效果,它决定以什么样的效果从一张幻灯片换到另一张幻灯片。

　　在"普通视图"或"浏览视图"中,选定要进行设置切换效果的幻灯片,可以是一张也可以是多张。单击进入"动画"选项卡,进入"切换到此幻灯片"工具栏设置切换,如图 7.98 所示。

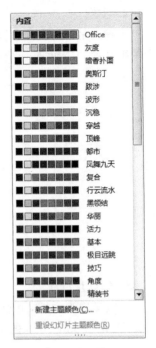

图 7.97　PowerPoint 2010 的
配色方案

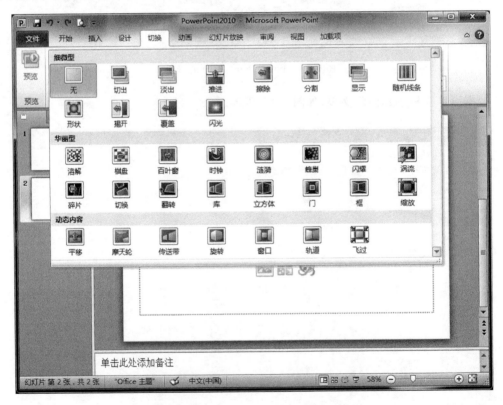

图 7.98　PowerPoint 2010 的切换效果

2. 动画效果

PowerPoint 2010 的动画切换效果如图 7.99 所示。

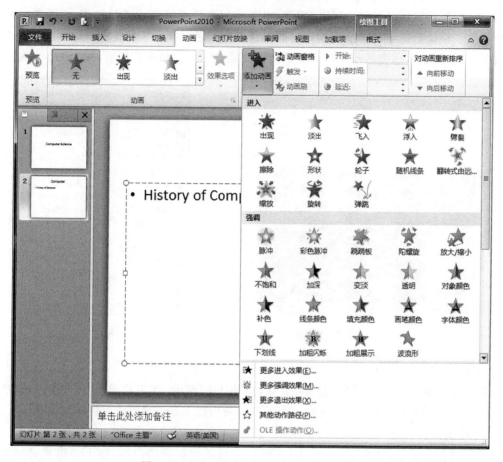

图 7.99　PowerPoint 2010 的动画切换效果

7.5　计算机技术基础实验

实验目的：

掌握几种常用软件的基本操作。

实验内容：

几种常用软件的使用。

1. 截图软件

截图软件能够截取屏幕中的窗口或某一个区域，并将其存储为图片文件格式的软件。专业的截图软件有 HyperSnap-DX、SangIt、UltraSnap、Capture Professional、Flash32 等，每一种截图软件都有自己的特点，这里只介绍 HyperSnap-DX，它的屏幕截取功能强大，截取方式多样，操作简单，支持的图片格式多，并具有编辑图片的功能。

双击下载的安装文件，按照提示向导，安装该软件，安装完成后，双击可执行程序图标，即运行该软件，如图 7.100 所示。

1）捕捉窗口

鼠标左键单击"菜单栏"的"捕捉"选项,弹出下拉菜单,在下拉菜单中选择需要捕获的内容,如窗口、活动窗口、区域、全屏、按钮等,也可使用快捷键的方式进行操作,在菜单选项的后面给出了快捷键的组合。捕捉窗口与捕捉活动窗口的区别在于捕捉窗口能够捕捉所有在桌面上打开的窗口,捕捉活动窗口只能是当前高亮显示的窗口或对话框,如图7.101所示。

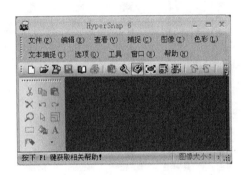

图7.100　HyperSnap6 截图软件

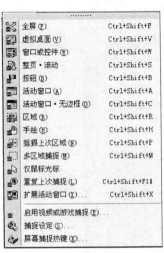

图7.101　捕捉选项下拉菜单

2）捕捉区域

鼠标左键单击"菜单栏"的"捕捉"选项,弹出下拉菜单,在下拉菜单中选择区域,然后HyperSnap 会最小化,通过鼠标选择一个矩形区域后按 Enter 键完成捕捉区域操作。

3）输出文件

捕捉操作完成后,会在 HyperSnap 主窗口中显示捕捉到的内容,接下来需要把捕捉到的内容以文件的形式存储在硬盘或其他非易失性存储介质中,便于使用和编辑。单击"文件",弹出下拉菜单,从中选择"另存为"选项,单击后,选择文件类型和保存位置,并输入文件名。

2．使用 Photoshop

1）启动 Photoshop

启动 Photoshop 后的界面如图7.102所示。

2）Photoshop 基本操作

（1）快速打开文件

双击 Photoshop 的背景空白处（默认为灰色显示区域）即可打开选择文件的浏览窗口。

（2）改变图像大小

单击菜单"图像",选择"图像大小",出现图像大小对话框,根据需要更改宽度和高度的像素值即可改变图像大小。

（3）获得精确光标

按 CapsLock 键可以使画笔或磁性工具的光标显示为精确十字线,再按一次可恢复原状。

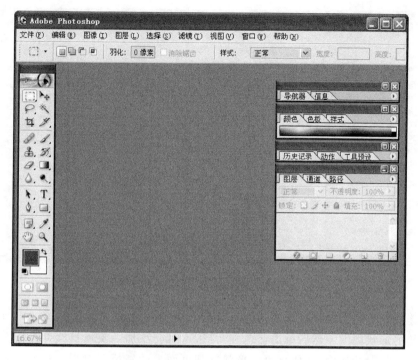

图 7.102　启动 Photoshop 后的界面

（4）选择工具

在编辑图像时，通过在左边工具栏选择相应的工具对图像进行编辑修改。

PhotoShop 在处理图形图像方面功能强大，除了上述基本操作外，还有图层应用和滤镜等功能，这里不再赘述。

3. 使用 Visio 2010

Visio 2010 是微软 Office 办公软件组件之一，它能够将难以理解的复杂文本和表格转换为 Visio 图表，有助于 IT 和专业人员轻松地可视化分析和交流复杂信息。具有简单易用的特点，帮助用户将自己的思想、设计与最终产品演变成形象化的图像进行传播。Visio 2010 提供了各种模板，主要有业务流程的流程图、网络图、工作流图、数据库模型图和软件图，这些模板可用于可视化和简化业务流程、跟踪项目和资源、绘制组织结构图、映射网络、绘制建筑地图以及优化系统。

1）启动 Visio 2010

Visio 启动时，会出现多个窗口。在"模板类别"窗口的类别列表中，单击"常规"类别。"常规"类别中的所有模板将出现在中心窗口中。单击"基本流程图"之后，如图 7.103 所示。

2）绘制程序流程图

在形状面板中可以选择绘制图形的元素，按住鼠标左键不放，将所选形状拖到右侧绘图页上，释放鼠标按钮后，该形状会被一条绿色虚线包围，它带有被称为选择手柄的绿色方块，而有时带有黄色菱形，称为控制手柄。重复上述过程选择需要的其他形状，并在绘图页上按照需要排好位置。

使用自动连线功能可将图形连接起来。将指针停在要从中进行连接的形状上，将指针

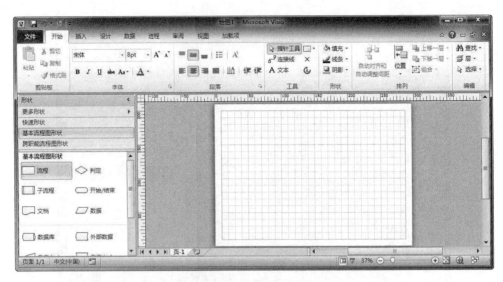

图 7.103　Visio 工作界面

放在与要连接到其中的形状最近的淡蓝三角形上,三角形会变成深蓝色,将有一个红色框出现在要连接的形状周围。然后单击蓝色三角形,这时会添加一条连接线并粘附到两个形状上。两个形状将保持连接,即使将每个形状拖到页面上的新位置时也是如此。连线的样式可以通过菜单和工具栏进行选择,右键单击形状选择"格式"可以改变填充颜色。左键双击可以在形状中加入文本,通过菜单或者"工具栏"可以设置文本格式,如图 7.104 所示。

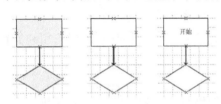

图 7.104　在 Visio 中绘制图形

可以重复上述过程,完成最终的图形绘制。如第 4 章中的流程图所示。根据所绘图形的类型不同,可以选择相应的模板进行绘制。

4. 压缩和解压缩软件

数据压缩技术就是对原始数据进行数据编码或压缩编码。目前常用的压缩编码有冗余压缩法(无损压缩法、熵编码)和熵压缩法(有损压缩法)两类。无损压缩是可逆的;有损压缩是不可逆的。

由于磁盘在组织和管理文件时,每个文件都会占用一定的存储空间,当文件较多和比较松散时,就会浪费和占用较多的磁盘空间,这时可以借助压缩工具软件对原来的文件进行压缩和归档处理形成一个压缩文件。文件压缩既便于多个文件的管理又节省了磁盘空间。常用的压缩和解压缩软件有 WinRAR、WinZip 等。

WinRAR 安装后会默认在资源管理器右键菜单中增加自己的项目,选中要压缩的文件(一个或者多个),单击右键选择"添加到压缩文件"出现如下对话框。根据需要选择不同的标签页来进行修改,默认情况下会在当前目录中生成"书稿. rar"文件,如图 7.105所示。

双击新生成的压缩文件可以看到压缩文件的内容。右键单击压缩文件出现右键快捷菜单,其中有解压缩的选项,可以把之前压缩在一起的文件给解压出来。压缩后的文件便于管理、存储和传输。

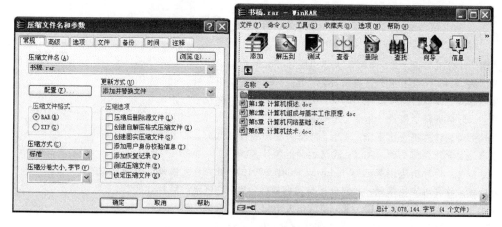

图 7.105　用 WinRAR 压缩与解压缩

7.6　本 章 小 结

本章主要介绍了常见操作系统(Windows 7 和 Linux)的使用,办公软件(Word 2010、Excel 2010 和 PowerPoint 2010)的基本操作以及常用工具软件的使用。

参 考 文 献

1　陈明. 计算机导论. 北京：清华大学出版社,2009
2　黄国兴,陶树平,丁岳伟. 计算机导论. 北京：清华大学出版社,2004
3　张欣等译. 计算机科学概论. 北京：机械工业出版社,2007
4　刘艺. 计算机科学概论. 北京：人民邮电出版社,2008
5　乔桂芳等. 计算机文化基础. 北京：清华大学出版社,2005
6　康卓. 大学计算机基础. 武汉：武汉大学出版社,2005
7　周延波等. 计算机应用基础(Windows7＋Office2010). 北京：人民邮电出版社,2011
8　叶曲炜. 计算机应用基础：案例分析与实训教程. 北京：科学出版社,2007
9　龙小保等. 大学计算机基础. 北京：清华大学出版社,2009
10　严蔚敏. 数据结构. 北京：清华大学出版社,2010
11　武伟. 操作系统教程. 北京：清华大学出版社,2010
12　汤小丹. 计算机操作系统. 西安：西安电子科技大学出版社,2007
13　谢希仁. 计算机网络. 北京：电子工业出版社,2010
14　王海春. 计算机网络技术. 北京：高等教育出版社,2007
15　王珊,萨师煊. 数据库系统概论. 北京：高等教育出版社,2007
16　白中英. 计算机组织与体系结构. 北京：清华大学出版社,2008
17　阙喜戎等. 信息安全原理及应用. 北京：清华大学出版社,2003
18　王丽娜. 信息安全导论. 武汉：武汉大学出版社,2008
19　赵子江. 多媒体技术应用教程. 北京：机械工业出版社,2006
20　赵淑芬,周斌,康宇光. 多媒体技术教程. 北京：机械工业出版社,2009

教 学 资 源 支 持

敬爱的教师：

感谢您一直以来对清华版计算机教材的支持和爱护。为了配合本课程的教学需要，本教材配有配套的电子教案(素材)，有需求的教师请到清华大学出版社主页(http://www.tup.com.cn)上查询和下载，也可以拨打电话或发送电子邮件咨询。

如果您在使用本教材的过程中遇到了什么问题，或者有相关教材出版计划，也请您发邮件告诉我们，以便我们更好地为您服务。

我们的联系方式：

地　　　址：北京海淀区双清路学研大厦 A 座 707

邮　　　编：100084

电　　　话：010－62770175－4604

课件下载：http://www.tup.com.cn

电子邮件：weijj@tup.tsinghua.edu.cn

教师交流 QQ 群：136490705

教师服务微信：itbook8

教师服务 QQ：883604

(申请加入时，请写明您的学校名称和姓名)

用微信扫一扫右边的二维码，即可关注计算机教材公众号。

扫一扫
课件下载、样书申请
教材推荐、技术交流